用户画像
与博物馆用户
体验

刘顺利　席翠玉　著

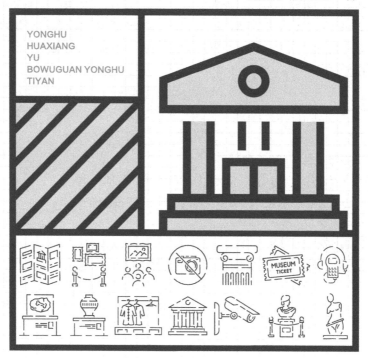

YONGHU
HUAXIANG
YU
BOWUGUAN YONGHU
TIYAN

化学工业出版社
·北京·

内容简介

《用户画像与博物馆用户体验》一书探讨了博物馆从"以展品为中心"向"以观众为中心"转变的背景下，中国年轻人作为博物馆主要受众的参观体验与内在动机。本书通过服务设计方法，结合 Bartle 玩家人格分类法和参观流程模型，采用快速民族志研究设计，从 126 名候选人中识别出社交者、探索者、成就者和攻击者 4 种理想用户画像。通过参观前、中、后三个阶段的数据收集，运用观察（服务旅行和影子跟踪）、访谈（情境访谈）及体验卡片等手段，详细分析了用户的参观体验。研究发现，每种用户画像在博物馆参观中展现出独特的内在动机。本书不仅为博物馆体验研究提供了新的模型和方法，还旨在帮助博物馆管理人员和用户体验研究人员更好地理解和细分参观者，从而完善基于不同用户动机的服务设计方案，提升博物馆的服务质量与吸引力。

图书在版编目（CIP）数据

用户画像与博物馆用户体验 ／ 刘顺利，席翠玉著.

北京：化学工业出版社，2024. 11. — ISBN 978-7-122-46300-5

I. TP274

中国国家版本馆 CIP 数据核字第 20245198DD 号

责任编辑：李彦玲　　　　　　　　文字编辑：蒋 潇　药欣荣
责任校对：宋 夏　　　　　　　　装帧设计：王晓宇

出版发行：化学工业出版社
　　　　　（北京市东城区青年湖南街 13 号　邮政编码 100011）
印　　装：北京盛通数码印刷有限公司
710mm×1000mm　1/16　印张 13　字数 260 千字
2024 年 11 月北京第 1 版第 1 次印刷

购书咨询：010-64518888　　　　　售后服务：010-64518899
网　　址：http://www.cip.com.cn
凡购买本书，如有缺损质量问题，本社销售中心负责调换。

定　　价：59.80 元　　　　　　　　　　　版权所有　违者必究

博物馆是探索人类文化发展脉络的重要枢纽。作家海伦·凯勒曾在《假如给我三天光明》中写道："这一天，我将向世界，向过去和现在的世界匆忙瞥一眼。我想看看人类进步的奇观，那变化无穷的万古千年。这么多的年代，怎么能被压缩成一天呢？当然是通过博物馆。"在当今信息化和全球化迅速发展的时代背景下，体验经济逐渐成为社会经济的重要组成部分，而博物馆作为文化体验的核心场所，其角色和功能也在不断演变。正是在这一语境下，《用户画像与博物馆用户体验》一书应时而生，全面展示了其在专业性、前瞻性、交叉性和与时俱进等方面的卓越品质。

博物馆不仅是历史和文化遗产的守护者，更是公众文化素养提升和国家文化软实力增强的重要阵地。近年来，随着全球化和信息化的迅猛发展，博物馆的功能已经从"展品导向"逐渐演变为"观众导向"，这一变革显著提升了公众的参与度和博物馆的社会影响力。然而，尽管博物馆在吸引年轻观众方面有所进展，但一些年轻人对博物馆的参观体验并不尽如人意。这一现象不仅反映了公共文化机构面临的深刻变革需求，也为我们提供了探索和改善的机会。《用户画像与博物馆用户体验》一书以创新方法和独特视角，系统研究了年轻用户在博物馆参观中的体验和动机。通过服务设计方法和基于游戏化的用户画像，详细剖析了年轻用户的行为模式和动机，展示了博物馆如何更好地满足不同用户的需求。这种跨学科方法不仅突显了本书的创新精神，也为博物馆体验设计领域带来了新的理论和实践路径。本书还强调了参与式体验设计的重要性，揭示了在数字化和多样化挑战下重新定义博物馆公共使命和教育角色的策略。这些见解不仅对学术界具有启发作用，同时为实际运营者提供了可操作的战略，助力博物馆持续吸引新一代观众的兴趣。

本书作者在博物馆服务设计和用户体验研究方面有着深厚的学术积累和丰富的实践经验，通过缜密的研究与严谨的分析，为博物馆服务体验设计领域贡献了重要的学术成果。尽管书中由于时间紧迫可能存在一些不完美之处，但作者的不懈努力和学术追求无疑值得我们认可和尊重。期待《用户画像与博物馆用户体验》一书能够为博物馆服务设计领域注入新的活力和动力，从而提升博物馆服务质量和观众参观体验。希望广大读者在阅读本书过程中获得有益的启示和参考。

北京印刷学院教授、
北京市高等学校教学名师
教育部高等学校设计学类
专业教学指导委员会委员
2024 年 5 月

博物馆在一定程度上可用来衡量一个国家的文化软实力。过去的半个世纪，博物馆的概念从"以展品为中心"逐步转变为"以观众为中心"，以更好地服务公众。近年来的数据明确表明，中国年轻人是博物馆未来的主要受众。因此，为了进一步提升博物馆的服务水平，迫切需要对他们持续参与博物馆活动的内在动机进行深入研究。

本书运用服务设计方法，通过基于游戏化的用户画像，旨在深入调查年轻用户对于博物馆服务的体验。采用快速民族志研究设计，不仅分析了用户的参观体验，还深入探究了不同用户画像的独特动机。本书基于理查德·巴特尔（Richard Bartle）的玩家人格分类法模型（基于游戏化），以及服务流程的参观模型（参观前—参观中—参观后）进行研究。

本书通过使用 Bartle 游戏心理测试，从 126 名候选人中识别出 4 名理想的用户画像（社交者、探索者、成就者和攻击者）。进而，围绕博物馆的线上、线下服务，通过参观前、参观中和参观后三个阶段从 4 名用户中收集到一手数据。具体来说，基于服务设计方法，本书使用了通过观察（服务旅行和影子跟踪）和访谈（情境访谈，或称回顾性访谈）收集的三角互证数据。需要强调的是，在观察和访谈过程中使用了基于语义差异量表的体验卡片，用户填写卡片有助于捕捉丰富的参观体验。同时，鼓励用户在参观的各个阶段拍照、录屏、截屏以保留更多数据资料。总之，利用三角测量数据交叉审查观察到的情况，以助力捕捉用户表现出特定行为的原因。研究结果表明，在博物馆参观环境中，每名基于游戏化的用户画像都展现出独特而明确的内在动机。此外，研究还为博物馆体验调查提供了一些新的研究模型和指导方法。综上所述，本书有望帮助博物馆管理人员和用户体验研究人员解决博物馆参观者细分问题，帮助博物馆服务设计人员加快完善基于不同用户独特动机的博物馆服务设计方案。

本书著者是北华航天工业学院刘顺利和席翠玉，由于时间仓促，书中难免存在疏漏之处，敬请广大读者批评指正。在编写本书的过程中，笔者参考了相关文献资料，在此对其作者深表感谢。

基金资助

2023年度河北省引进留学人员资助项目(C20230122)

北华航天工业学院博士科研启动基金项目（BKY-2022-16）

著者

2024年5月

目录

CONTENTS

第1章

绪论

第2章

文献综述

第3章
研究方法

第4章
研究结果

第5章
讨论与结论

第1章

绪论

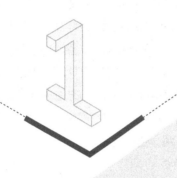

1.1 本章导读

博物馆能够影响民众修养，其在一定程度上可以衡量一个国家的文化软实力。在过去的半个世纪里，博物馆"以展品为中心"的收藏理念已经转变为以服务公众为前提的"以参观者为中心"的理念（冯乃恩，2017；冀佳伟等，2019）。研究表明，38.41%的观众参观博物馆是为了娱乐体验，这一比例高于学习、陪伴等其他所有动机。因此，对观众而言，21世纪的博物馆必须更具吸引力和参与性体验。然而，当前博物馆的定位缺乏对博物馆休闲市场属性的关注，这是21世纪博物馆所面临的挑战。

博物馆管理者必须认识到通过品牌塑造博物馆体验的重要性。在当前的设计语境下，可以通过服务设计方法来提升博物馆体验感以满足游客需求。具体来说，服务设计是关于服务如何随着时间的推移向客户提供体验以改善他们的服务体验的设计，该过程较为强调个人的感受。对于博物馆而言，服务设计源于参观者的体验并以参观者体验为中心，是用于解决特定博物馆问题的实践和方法的集合。基于对服务设计的理解，本研究调查了用户在博物馆"参观前""参观中"和"参观后"整个服务阶段的体验，研究环境包括实体和虚拟两个空间。

如前文所述，该研究旨在解决博物馆体验问题，尤其是针对年轻观众的体验。从中国公民对博物馆的参与度来看，与发达国家每年人均3~5次参观相比，中国公民平均每两年才进入一次博物馆。究其原因，并非展览不精彩，而是博物馆的服务不能更好地满足他们的参观体验（白国庆等，2017；刘军等，2017）。特别是在互联网高速发展的时代，由于博物馆提供的体验单调，人们在进入博物馆之前就会犹豫。然而，虽然目前的整体参与度不高，但从人口构成的角度进行研究发现，年轻人一直是博物馆的主要用户。相关研究表明，北京故宫博物院的参观者中有一半以上是30岁以下的年轻人。陕西历史博物馆和首都博物馆的统计数据也表明，综合参观者的人数和参观频率来看，39岁以下的年轻人居于各类人群的首位。不仅如此，一些博物馆题材的纪录片和综艺节目也受到了80后、90后和00后的广泛关注。这表明中国年轻人是博物馆未来的主要观众群。但鉴于博物馆整体参观频率偏低、中国年轻人的参观频率仍远低于一些发达国家的现实，年轻人参观博物馆的习惯仍需培养。鉴于博物馆的参观体验仍不足以吸引年轻人持续参观博物馆，年轻观众参观博物馆的体验有待进一步提升。研究表明，游戏化可以促进用户参与度的提高并提高个人的满意度，尤其是对于年轻的博物馆参观者而言。在这样的背景下，本书基于博物馆品牌化理念，在博物馆用户细分概念的指导下，结合服务设计中的用户画像技术展开博物馆用户体验研究。基于游戏化的用户画像可以理解为在非游戏化环境中对不同玩家类型进行研究的实践。由于用户画像工具将特定的虚构人物作为原型来代表具有共同特征的一群人，因此在博物馆背景下，发展用户画像有助于更全面地理解博物馆用户需求语境。更重要的是，结合用户画像技术，有利于关注有价值的特定用户群体。面对前述令年轻人持续参与博物馆的挑战，本研究的目的是通过探索北京故宫博物院的服务设计，以提供代表性用户如何看待博物馆的信息。通过这一探索，我们期望能够为优化年轻观众参与博物馆的体验提供有益的见解，以创造更为理想的博物馆体验。

在谈及北京故宫博物院时，可以肯定的是，历史建筑博物馆已经成为博物馆的重要类型之一，其范围涵盖各个时期的历史遗迹，从宫殿到村舍皆有。历史建筑博物馆重点关注的是对单个历史建筑结构或结构复合体的维护、管理和解读。在中国，大量的历史建筑博物馆并没有得到足够的重视。其中，以故宫为主题的博物馆是一种特殊类型的历史建筑博物馆，其呈现了古代宫殿和皇家居所的历史和文化。这种类型的博物馆旨在通过展示和解释宫殿建筑、家具、艺术品等文物，向观众呈现历史时期的皇家生活和权力结构。中国有四大以故宫为主题的博物馆：北京故宫博物院、南京明故宫、沈阳故宫博物院和台北故宫博物院。其中，以北京故宫博物院规模最大、影响最广、象征意义最强。北京故宫博物院以明清故宫为蓝本，拥有世界上最大的砖木结构建筑群。基于前述的用户体验问题，该研究以中国北京最具代表性的历史建筑博物馆——北京故宫博物院为例开展用户体验研究。总之，这项研究以北京故宫博物院为研究对象，有望启发博物馆管理者和博物馆用户体验（UE）研究人员根据年轻游客的内在动机，加强探索历史建筑博物馆服务设计的路径。

1.2　研究背景

在新的全球经济中，基于知识的经济已成为21世纪的核心问题。同时，对民众的文化培养成为衡量一个国家实力的重要因素之一。在城市发展历程中，博物馆被视为有效扩展文化共享空间、加强民众文化培养以及塑造人文精神的关键因素。有关博物馆地位的讨论明确指出，博物馆作为一个国家文化最重要的核心推动力，位于文化金字塔的顶端。

文化实力是国家综合实力的重要体现。然而，在吸引新的受众方面，博物馆面临着来自非营利行业，特别是文化与休闲市场领域的竞争挑战。博物馆在此背景下面临的挑战之一是如何在受欢迎程度与保持独特性之间取得平衡。在这一问题上，博物馆的品牌战略可能需要包含一些与休闲体验相关的内容。然而，尽管竞争日益激烈，博物馆品牌依然是研究领域中容易被忽视的部分。在很大程度上，这是因为非营利组织（包括非营利博物馆）对于采用品牌策略犹豫不决，这可能源于过于商业化的印象、资源投入的考量以及其他潜在的风险。

需要注意的是，社会经济已从大规模生产转向大规模定制，这导致年轻消费者更多地从象征性特征（品牌形象和感觉）出发来表达个性选择。具体来说，博物馆品牌是指创造消费者对博物馆的感知或印象。品牌可导致差异化，从而提供竞争优势。对于博物馆来说，品牌为支持游客加速选择参观或进一步消费所做的努力，降低了来自非营利行业和文化休闲市场的市场份额的知觉风险，然后逐步帮助博物馆在竞争中生存。因此，品牌在博物馆中发挥着多重关键作用。

对于品牌，美国市场营销协会在 1960 年给出的定义如下："品牌是指一个名称、术语、标志、符号、设计，或其组合，旨在识别一个卖家或一组卖家的商品或服务，并将其与竞争对手区分开。"这个定义强调了企业身份系统（CIS）的概念，而品牌的概念远远超越了视觉范畴，品牌识别是一组概念性联想或情感反应。

此外，一些学者认为品牌是一个人对于产品、服务或公司的直觉感受。之所以说它是个人的直觉感受，这是因为最终品牌是由个人而不是公司、市场或所谓的大众来定义的。每个人都会创造出自己的版本。当足够多的个体产生相同的直觉感受时，可以说一个公司就拥有了品牌。

通过以上定义可以看出，品牌被视为个人感知，品牌都关乎情感，它们是情感反应的标志。这意味着不同的个体可能对同一产品、服务或公司持有不同的看法。博物馆品牌指的是创造消费者对博物馆的感知或印象。博物馆应尽可能地管理自己的品牌，因为观众可以根据自己的意见来定义品牌。尽管公司或组织无法控制个人的感知"版本"，但公司可以以其希望个体看待品牌的方式影响这些个人印象。品牌建立的过程被称为品牌塑造。然而有趣的是，其他文献提出了不同的观点。交互设计基金会认为，品牌体验是无法控制的。

品牌的概念已成功扩展到包括服务在内的领域，非实体因素逐渐成为区分服务的要素。一些品牌代表着对服务的专注，而消费者对服务质量的感知如何影响品牌态度也得到了解释。毫无疑问，为了构建品牌，需要对服务进行设计。具体而言，服务设计是指如何在一段时间内向用户或客户提供体验，以改善他们的服务体验的设计。一旦访客被服务吸引而不是被展品吸引，他们就有可能成为博物馆的长期和常规访客。从原则上讲，服务的所有组成部分或多或少地都经过有意设计，这些重要组成部分以支持服务绩效的接触点为中心。根据服务设计的接触点原则，接触点分为"服务前""服务期间"和"服务后"三个阶段。与此同时，博物馆游客的体验被分为"参观前""参观中"和"参观后"三个阶段，即游客的旅程在参观博物馆之前就已经开始，并且在他们离开后持续进行。这一观点强调了游客在整个参观过程中的连续性体验。总之，以"参观前—参观中—参观后"为模型的服务设计方法有助于了解用户对博物馆服务的体验。

在博物馆服务设计语境下，尽管大多数研究集中在博物馆的"参观中"阶段，但一些最近的研究已经认识到"参观前"和"参观后"的关键作用。事实上，在早期的研究中已经发现，57%的人在参观实体博物馆之前和之后会访问博物馆网站。此外，相关研究的调查结果发现，有67%的人认为访问博物馆网站促进了他们亲自参观博物馆。很明显，实体博物馆和虚拟博物馆之间存在互补关系，这两者都需要服务设计，而在线内容已经影响了人们对实体博物馆的访问意愿。总之，一个设计良好的在线博物馆可以促进实体参观，而质量低劣的在线博物馆会阻碍实体访问。

回顾前述关于服务设计的理解，可以得出结论，服务设计所提供的是用户体验。服务设计源于游客的体验，并以游客的体验为核心。在以往的研究中，用户体验可以被直观地理解为用户在使用过程中对产品或服务的看法和反应。同样，服务设计在服务设计过程的各个阶段都高度关注个体在其特定背景下的体验，这与之前提到的在博物馆背景中加强访客体验的观点一致。因此，服务设计可以被视为探索博物馆用户体验的一种方法。此外，本书认为，理想的用户体验甚至可以被用作文化机构品牌资产的一种衡量标准。对于博物馆而言，它不仅仅是一个教育机构，同时也为游客提供了娱乐等体验。为了在休闲市场中吸引游客，博物馆品牌识别的其他体验价值必须被纳入考虑范围，并通过服务设计融入品牌传播中。具体来说，近年来，现代博物馆正从教育机构转型为休闲市场的组成部分。目前博物馆将展品与表演艺术、零售、餐饮、娱乐等相结合，博物馆的发展趋势是将教育及文化活动与商业娱乐紧密结合。

综上所述，本节内容重点关注了博物馆的服务设计和用户体验，并指出令人满意的体验可以作为博物馆品牌的衡量标准。并且，根据用户的独特偏好定制的服务能够更大程度地激发用户的持续关注。此外，本书中游戏化的概念为了解博物馆年轻用户的动机提供了重要线索。通过对玩家类型进行游戏化，有望帮助博物馆管理员和研究者理解博物馆访客的构成。博物馆的功能调整受到越来越多的关注，本书指出服务理念从展品向观众的转变，更加强调博物馆与公众之间的关系。

1.3 问题陈述

基于之前的描述，可以得出结论，博物馆正试图融入人们的生活。近几十年来，全球范围内的博物馆关注重心经历了一个从"物品"向"人"的转变，期待帮助访客获得期望的服务体验。然而，在博物馆向公众敞开大门的背景下，博物馆并没有成为中国人常去的地方。与发达国家平均每年参观博物馆三到五次的频率相比，中国每位公民平均约每两年才进入一次博物馆。一项调查显示，仅有约17.3%的受访者经常参观博物馆，约61.1%的受访者偶尔参观，原因是对博物馆缺乏亲近感、获取信息不便以及互动参观的不足。

这些现象产生的根本原因可能在于博物馆的服务并未充分满足人们对于参观体验的需求。考虑到中国公众整体上参与度相对较低，而年轻人是博物馆的主要用户群体，可以得出结论，中国年轻人的参与将影响博物馆的未来用户群组成。因此，进一步改善年轻中国游客在参观博物馆时的单调体验对于博物馆的繁荣而言至关重要。

诚然，已有诸多研究指出博物馆管理人员需要通过品牌提升博物馆体验。然而，先前的研究在某种程度上误解了品牌的意义。最近几年，围绕博物馆品牌的主题产生了大量文献，但大多数研究仅集中在管理、营销等方面。我们需要认识到品牌不是产品或管理产品，也不是标志或公司形象，因为：①营销意味着自我肯定或自吹自擂，而品牌意味着用户或顾客的认可和赞扬，营销活动是基于品牌的；②企业形象识别仅用于管理商标和外观元素。

在历史上，有关品牌塑造的讨论揭示出两种不同的方法，一种是欧洲采用的经典模型，另一种是澳大利亚采用的现代主义模型。在经典模型中，文化品牌主要与博物馆的闻名历史及遗产有关，博物馆体验受到文化驱动而非娱乐驱动。与之相反，在现代主义模型中，博物馆通常以故事和史实作为其身份基础。因此，在现代主义模型中，休闲体验取代了文化成长体验。基于本研究项目的背景，我们的目标是通过满足用户对娱乐的需求来提升博物馆用户体验。因此，该项目选择以现代主义的休闲体验模型为指导展开研究。

通过以上阐述可知，实际上品牌是个人在心中的感知体验。随之，在前面提出的年轻人决定博物馆未来用户群这一基础上，出现了一个新的问题：如何帮助研究人员探索并提升博物馆的服务体验，以吸引年轻的中国用户？正如Falk与Dierking（2013）所指出的，博物馆面临的最大挑战是精准地了解不同访客的体验与理解水平，因为每位访客的学习方式不同。在国际博物馆协会（ICOM）的一次大会上，提出了类似的问题："多年后，是什么因素将使博物馆对实体参观者和在线观众产生吸引力呢？"通过进一步了解当时的语境可知，这里所说的主要因素是用户的体验，或者说是强烈的情感体验。对于这种情感感受，从定义来看，无论是正面还是负面，个体对产品、服务或组织都会有感知。总之，博物馆当前的主要挑战是理解博物馆线下、线上的正面与负面的用户体验，特别是理解用户的负面体验，有助于博物馆改善个人感知。

随着时间的推移，品牌化已经扩展到服务的范畴，而持续的愉悦体验可以成为文化组织品牌的标准。要实现理想的体验，品牌需要提前考虑客户的需求。至于博物馆，服务通常被用作博物馆和访客之间的桥梁。此外，博物馆体验可以通过整体的服务设计方法进行调查研究。综合之前的评述，服务与体验密切相关，且用户体验和服务设计都以用户为中心。近年来，博物馆设计师越来越多地使用"体验"这一术语。然而，在这两者之间的关系方面，尤其是在博物馆领域，研究相对较少。综上所述，博物馆品牌领域使用服务设计方法探索用户体验的系统性研究仍然较少，存在研究空白。

实际上，在零售、餐饮和其他领域，服务设计已经受到许多研究人员的关注。然而，根据广泛的信息来源得知，很少有关于服务设计如何为博物馆体验提供服务，特别是通过服务设计方法探索整个博物馆服务过程（包括"参观前""参观中"和"参观后"）的系统研究。正如 Falk 与 Dierking（2013）所指出的，要丰富博物馆内外访客的体验，从参观前到参观后都很重要。当前学术界尽管已有关于"参观前"和"参观后"的少量研究，但在这些研究中，对用户体验的关注较少。此外，这些研究是基于十多年前的数据，尚不清楚博物馆用户的需求是否发生变化。

在指出方法论层面的研究空白之后，研究焦点转向了博物馆中的访客。Espiritu（2018）认为博物馆需要精确地与特定目标群体进行沟通。近年来，博物馆不再试图吸引大众，因为可以说已经没有所谓的"公众"了，或者说"公众"这一词汇对于学术研究已经没有实际意义。因此，博物馆需要在一定程度上对访客进行细分。Akasaki 等（2016）也明确提出，根据用户独特的偏好量身定制的服务可以更好地引起用户持续的关注。其他学者也提出了类似的观点。例如，在中国秦始皇陵博物馆工作的某学者认为，当前阶段的首要任务是了解博物馆的访客构成。正如之前 Falk 与 Dierking（2013）指出的，要了解访客是谁，并制订一个满足他们需求和兴趣的解释性计划是很重要的。根据本书先前的阐述可知，个体的不同决定了不同的感知，该理论同样适用于博物馆领域。然而，令人遗憾的是，迄今为止的研究往往集中在"公众"而不是特定用户群体上，对不同类型访客多样动机的研究相对较少，探索基于不同用户动机的博物馆服务体验仍然存在研究空白。如前文所述，

Bartle 的玩家类型分类法聚焦于人们在玩游戏时的动机（Bartle，2004）。如果将玩家类型作为本研究中人物画像选择的模型，有望解释不同种类博物馆用户的独特动机。虽然 Akasaki 等人在 2016 年的研究中简要描述了基于游戏的方法如何影响个体在数字服务中的动机以鼓励活动，但仍然局限于虚拟空间领域。以上概念与游戏化紧密相连，将游戏的动机思考引入博物馆体验的研究中，可为了解不同类型博物馆用户的动机提供更深入的视角。

在分析了访客构成后，我们将焦点转向案例选择。在选择研究案例时，本书以历史建筑博物馆作为研究对象，有助于填补现有知识空白。我国虽然现存博物馆众多，但诸多的历史建筑博物馆并没有得到足够关注。另外，一些建筑博物馆仅仅提供"参观"的服务，忽视了为访客提供愉悦体验的重要性。虽然业内已逐步认识到这一点，但在搜索相关关键词后，很少有关于建筑博物馆如何提供愉悦体验的研究。

随着实体和在线博物馆的并行发展，尽管在过去几十年中，博物馆的数字创新不断以惊人的速度增长，但用于构建相应的用户体验的实践进程并没有同步发展，没有产生与博物馆用户体验相关，特别是与在线博物馆体验相关的参考。在另一项研究中，研究团队确定了一个关于在线博物馆愉悦体验的模型，其中包括四个设计特征和五个设计原则，但未涉及具体的使用指南。还有一些研究致力于通过定量方法衡量博物馆访客的体验，但缺乏深度和细节。其他关于博物馆用户体验的研究有一些是以用户为中心的，但主要使用传统的焦点小组讨论和访谈作为研究方法，不可能以整体方式提供合理的建议。鉴于之前在本节中提到的相关问题，如中国年轻人的参与决定了博物馆未来的用户组成，博物馆服务体验的调查缺乏指南等，本书试图提出博物馆专业人员可以应对当前博物馆协调线上、线下，为中国博物馆年轻用户创造理想和难忘的博物馆体验的实践指南。

1.4　研究目的

在博物馆用户体验方面，前文已经对研究背景和相关问题进行了综述。首先，提出了在博物馆品牌领域，很少有系统性的研究使用服务设计方法来探索用户体验。其次，总结了诸多研究者面临的主要挑战，即识别在线下、线上的正面和负面用户体验。然后，指出了基于不同用户动机探索博物馆服务体验与行业需要仍存在差距。最后，明确强调选择历史建筑博物馆作为案例，以填补知识空白，并指出博物馆服务体验调研方面缺乏必要的指南。

基于以上问题，这项探索性研究的目的在于优化北京故宫博物院的服务设计，以增强中国年轻博物馆游客的用户体验。希望此研究能为博物馆从业者和相关学者提供更深入的见解，帮助他们更好地理解博物馆服务的用户体验，以期在设计实践或研究方面有所贡献。以下为本研究的三个主要目标及其相应的子目标：

A.识别不同类型年轻中国访客的用户画像，以便更好地代表不同用户。

B.深入探究这些用户画像的博物馆服务体验。

（A）探索用户的负面体验。

（B）探索用户的正面体验。

（C）探索不同用户画像访问博物馆的动机。

C.提出博物馆管理人员可以采用的指南，以增强年轻中国访客的用户体验。

1.5　研究问题

立足于上述研究目标及其子目标，提出以下三个研究问题以及相关的子问题：

A.哪种模型适合用于确定不同类型中国年轻博物馆用户画像以代表不同用户角色？

B.这些用户画像的博物馆服务体验如何？

（A）对于这些用户画像而言，博物馆服务存在哪些负面体验？

（B）相对应的，这些用户画像在博物馆服务中获得了哪些正面体验？

（C）不同用户画像访问博物馆的动机究竟是什么？

C.博物馆管理人员可以采用哪些指南，以提升年轻中国访客的用户体验？

1.6　研究的概念框架

在本章对博物馆品牌、服务设计、用户体验以及用户动机的综述基础上，本研究试图通过使用服务设计方法探索历史建筑博物馆，以呈现代表性用户如何体验博物馆的故事。为了明确构想并建立概念之间的关系，在图1.1中呈现了这项探索性研究的概念框架。该概念框架揭示了探索前述研究问题的思路。

本研究从博物馆入手，并在文献中发现，尽管历史建筑博物馆已被国际博物馆协会（ICOM）认可，但它们在博物馆评估机构中却被忽视了。此外，虽然中国有诸多这样的博物馆，但在以往研究中却没有受到足够的关注。因此，选择历史建筑博物馆作为研究课题，旨在填补知识空白。综上所述，本研究选择了北京故宫博物院作为研究对象。

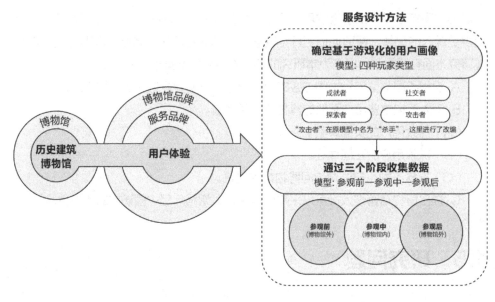

图1.1 本研究的概念框架

由前述观点可知，品牌体验如感官、情感、行为和智力，可以有效地促使人们参观博物馆并进行消费。如今，品牌的概念已经涵盖了服务，并转移到了服务品牌上。从上面的观点出发，未来令人满意的体验可以作为文化组织品牌体验的度量标准。这也是 1.3 问题陈述这节内容中涉及的挑战之一，即确定博物馆线上、线下的正面和负面用户体验。

由于用户体验和服务设计从根本上都以用户为中心，因此本研究采用了服务设计方法。在服务设计方法的指导下，通过两个模型实现研究目标：基于游戏化的用户画像模型（Bartle, 2004）以及基于服务过程的参观模型（Falk et al., 2013)。其中，游戏化模型用于选择人物角色以作为用户画像，而"参观前—参观中—参观后"模型用于识别三个参观阶段的接触点，以便于基于接触点进行数据的收集。

前面 1.2 研究背景及 1.3 问题陈述两个小节均提到，博物馆需要了解访客的构成并制订满足他们需求和兴趣的计划。这些论点表明，以往在不同用户动机的基础上探索博物馆服务体验的研究还存在一些不足。通过比较源自心理学的其他人格模型，本研究发现，游戏化是通过加入游戏元素来增加用户参与度的一种方式，尤其受年轻人的喜欢。因此，既然玩家热衷于游戏，如果在博物馆的背景下，能够确定基于玩家心理筛选出的用户画像（受试用户）的动机，这将为提升博物馆体验提供新的见解。总体而言，由于玩家是游戏化的根本，了解玩家动机对于构建成功的游戏化系统至关重要。由于 Bartle（2004）的分类法被认为是对玩家进行分类的最基本方法，因此在游戏化中使用 Bartle 提出的玩家类型来确定用户画像人选是了解每类博物馆用户如何体验博物馆的有效方法。在这项研究中，我们进行了 Bartle 游戏心理测试，以识别在一组玩家中占主导地位的玩法风格偏好。

为了探索故宫博物院的服务以增强用户体验，本研究首先识别并迭代优选了基于游戏化的人物角色作为用户画像，以代表不同动机的博物馆访客类型，然后每个人物角色分别体验了故宫博物院的线上和线下服务，这个体验过程贯穿了"参观前""参观中"和"参观后"三个阶段，以更全面地了解代表性用户的行为、语言和思考。

1.7　案例选择

当一个研究项目需要追求深度和细节时，选择一个案例更为有益（Denscombe，2007），并且 Bryman（2012）也强调了案例和单位选择的重要性。基于前述观点，本研究旨在探究历史建筑博物馆这一特定类别的博物馆的用户体验，因此案例的选择需要建立在其与研究的具体问题或理论问题的相关性之上。正如在前文指出的本研究的案例是北京的故宫博物院，这是中国最大的古代文化艺术博物馆，更是历史建筑博物馆的代表。并且，北京故宫博物院在收藏规模、质量以及访客数量方面具有显著的优势。本节将探讨选择故宫博物院作为案例研究地点的理由，并提供简要的博物馆概述（图1.2）。

图1.2　故宫博物院

在考虑选择特定案例时，其合理性论证往往围绕其典型性而非随机选择而展开（Denscombe, 2007）。在古建筑博物馆领域，以北京为例，在所列出的151家博物馆中，有40家致力于保护古建筑文物。历史建筑博物馆中的古建筑是一类重要的文化遗产，它是一种庞大的历史遗迹，也是一项重要的实物展示。作为中国和世界上最著名的历史建筑博物馆之一，故宫博物院与其他潜在的本研究中的候选博物馆具有基本的共性。因此，从故宫博物院的案例研究中得出的见解很可能适用于同类博物馆。

除了案例选择的典型性之外，根据DEMHIST（国际博物馆协会的一个国际委员会，专注于住宅博物馆的保护和管理）提出的历史建筑博物馆定义，故宫博物院完全满足其所规定的标准。定义中指出，房屋博物馆的范围从城堡到小屋，跨越各个时期，其解读涵盖了历史、建筑、文化、艺术和社会信息。建造于1925年的故宫博物院位于明（1368~1644年）和清（1644~1911年）两代的皇宫——紫禁城内，从北到南长961m，从东到西宽753m。故宫博物院是世界上最大的砖木结构建筑群。它精心保留了明清两代的皇宫和珍贵文物。故宫博物院的藏品涵盖了超过186万件珍贵物品，包括古代绘画、书法、书籍、器物等。从本质上讲，故宫博物院不仅是保护和管理紫禁城建筑遗产的机构，也是以明清两代的古文物为基础的中国古代文化艺术的存储、研究和展示中心。

此外，随着博物馆从传统的收藏转向正面的参与，本书了解到故宫博物院在提供在线数字服务方面表现出色，而这是其他历史建筑类博物馆常常忽视的方面。这种数字化存在有助于探究用户在"参观前"和"参观后"这两个阶段的体验。进入信息时代的故宫博物院利用先进的数字技术和设备，在虚拟的时间和空间中建立了一个"数字故宫"。这个数字领域包括在线订票、互动游戏、宫殿全景、虚拟现实（VR）技术、移动应用（APP）、在线商城等（图1.3）。这些进步使得博物馆的文化财富能够传播给全球观众。

此外，除了与历史建筑博物馆的核心特点保持一致外，故宫博物院作为中国一流博物馆还具有更显著的地位。1961年，故宫博物院被国务院正式列为第一批全国重点文物保护单位，随后于1987年被联合国教科文组织(The United Nations Educational, Scientific and Cultural Organization，UNESCO)列入"世界遗产名录"，并荣获"世界五大宫"之一的美誉。故宫博物院在2007年被评定为国家5A级旅游景区，在紧随其后的2008年获得了首批国家一级博物馆的荣誉称号。诚然，这些官方认可是值得关注的。但相关数据表明，除了像故宫博物院这样的少数博物馆，其他许多博物馆的访客数量相对较少。鉴于故宫博物院的受欢迎程度，其用户服务体验研究的发现有望为其他博物馆提供必要的指导。

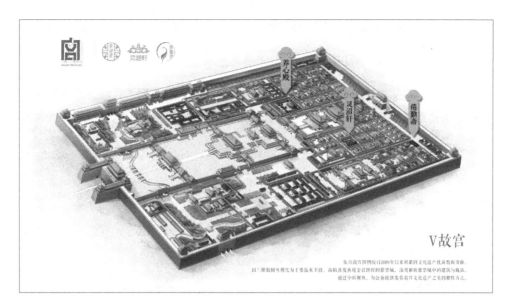

图1.3　基于三维可视化技术的V故宫

1.8　操作性定义

　　本节将对研究中涉及的关键概念进行明确定义，以确保读者对这些概念的理解是准确而一致的。操作性定义旨在在学术领域内对特定概念进行明确和界定，以便人们更好地理解和应用相关概念。本书中的操作性定义也是以当前研究项目的背景为基础进行呈现的，为本研究提供了具体的框架和共同的语言，有助于确保研究者和读者在研究过程中对所涉及的关键概念有一致的理解和解释。

　　在以下内容中将详细解释游戏化、历史建筑博物馆、博物馆参观者动机、博物馆品牌塑造、用户画像、用户体验、正面/负面体验、服务设计、接触点等概念。这些操作定义将为后续章节的讨论和分析提供明确的概念参考。

（1）游戏化

　　游戏化是通过加入游戏元素来提升用户参与度的方法，其目的在于通过游戏框架来实现其他目标。简言之，游戏化就是运用游戏的方式来解决生活中的非游戏性问题。

（2）历史建筑博物馆

　　历史建筑博物馆的范围涵盖从宫殿到小屋，包括各个历史时期。其核心在于对单一历史住宅结构或建筑群的维护、保护和解释（DEMHIST, 2018; Donnelly, 2002）。

（3）博物馆参观者动机

就本研究中的博物馆而言，参观者的动机与一系列需求相关，这些需求促使个人参观博物馆并参与其中的活动。因此，动机在影响参观决策和博物馆用户行为方面起着重要作用。

（4）博物馆品牌塑造

品牌塑造是一些博物馆实施的一项策略。此处将其定义为创造消费者对博物馆的感知或印象，将博物馆在消费者心中相对于其他组织进行定位，并为其赋予独特的身份（Espiritu, 2018）。

（5）用户画像

用户画像，英文为 perosna，它通常代表具有共同兴趣、行为模式或人口和地理相似性的一群人（Stickdorn et al., 2018）。在本研究的博物馆语境下，所选择的用户画像旨在代表不同类型的博物馆典型用户，这些典型用户具有独特的参观动机。如表 1.1 所示，这是对一名博物馆参观者在一次展览中的情感倾向进行了用户画像的可视化呈现。

表 1.1　一位博物馆参观者的用户画像

用户照片	姓名 方不凡		差异提炼 讨厌等待
	语录 有一台能上网的电脑和一壶茶就可以一直宅着		基础自然属性 40 岁　男性 已婚　无子女　经济师
行为描述 关于"回归之路：新中国成立70 周年流失文物回归成果展"，看到官方公众号推送的展览内容介绍，对许多难得一见的文物特别感兴趣，正好遇到十一假期，开启一场文化之旅	目标 参观展览中的珍贵回流文物		动机 一直对流失海外的文物非常关注
	行为 在圆明园兽首铜像和《五牛图》前停留很久。 在社交软件中分享了观展感受		情绪/ 态度 以前只能看到图片和视频，终于看到了实物，拍了很多照片留存，非常开心。 分享后收获了朋友的点赞，并交流参观心得，得到了价值认同
用户的故事 老婆也非常喜欢传统文化，但不喜欢人多嘈杂的环境	情绪/ 态度 人多时排队安检长达一小时，非常烦躁		痛点 对展品的了解比较少，无法获得权威的知识拓展。没有找到展览衍生品
	影响因素 展厅拥挤度是我观展的最大影响因素，人流特别多的时候无法好好欣赏展品和拍照		影响环境 经常与爱好传统文化的朋友一起交流讨论，又恰好看到展览信息推送
行为习惯	喜欢下午参观展览，因为上午可以睡懒觉，喜欢用手机完成预约和查询，常用微信朋友圈和抖音小视频分享观展现场		

（6）用户体验

本书中，用户体验被定义为用户使用产品或服务时产生的感知和反应（Harte et al., 2017）。

（7）正面 / 负面体验

博物馆体验的一个重要特征是访客的参与和融入。如果博物馆提供的体验与访客的需求高度融合，那么用户产生的感知和反应就是正面的体验，反之则是负面体验。

（8）服务设计

服务设计是关于如何随着时间向客户提供体验以改善用户或客户服务体验的设计。服务设计并非一套标准化的工具或抽象的理念，而是一系列应用于解决特定业务问题的实践和方法，这些问题源于访客体验并以访客体验为中心（Sandoval et al., 2013; French, 2016）。

（9）接触点

在服务设计的词汇中，接触点也被称为触点。触点一词用于指代支持服务性能的物质证据或物质系统。触点可能包括实体商品、内外部空间、印刷材料、应用于物体或建筑表面的图形元素，以及数字界面和设备、家具和灯光、员工穿着的制服和其他服装，甚至是环境中释放的气味和声音，还包括员工与用户互动时所使用的语言。从原则上讲，服务的所有物质组成部分都可以进行设计，无论是否涉及专业设计师（Penin, 2018）。例如，表 1.2 列出了秦始皇帝陵博物院服务触点，包括数字接触点、物理接触点和人际接触点（王忠瑜等，2022）。

表 1.2　秦始皇帝陵博物院服务触点

数字接触点	物理接触点	人际接触点
售票平台 二维码 博物馆官网 VR 电商平台	电子设备 取票机 安检设施、便民设施 耳麦 海报展板 一号坑、二号坑、三号坑 文物陈列馆 丽山园 游客中心 VR设备 意见箱	在线客服 讲解员 工作人员 旅游公司

1.9　研究范围与局限

　　本研究的焦点是对北京故宫博物院的服务设计进行探索，旨在深入了解中国年轻用户的参观动机与体验。主要内容是通过整体的三个参观阶段收集用户体验数据，并剖析不同人物角色的独特动机。根据我国《中长期青年发展规划（2016—2025年）》中的定义，本研究仅涵盖年龄介于14至35岁之间的年轻群体。因此，数据收集将针对中国博物馆年轻用户展开，而这些博物馆用户的人物角色将以便利性为基础，从本书作者所教授的不同班级的本科生中选定。与此同时，鉴于现有研究的空白，研究对象聚焦于历史建筑博物馆的特定类型，因此我们选择故宫博物院进行调查研究。

　　尽管采用了定性方法进行人物角色的招募，以获得少数参与者提供的深入、翔实的信息，但本研究仍存在一些限制。首先，出于对时间限制的考虑，我们选择仅对四位受访者进行深入调查，以获取更加详尽、深入的体验数据（每类游戏玩家确定一个理想画像，共四个人物角色参与到研究中）。其次，在触点选择方面，虽然本研究并非完全按照访问顺序进行，但我们选取了一些关键的触点进行分析。然而，我们应当认识到，任何研究方法都不是完美的，任何方法和工具的选择都存在一定的局限，这在学术探究中并不罕见。我们应当以客观的态度看待这些局限性，并在研究设计和结论解释中充分考虑其影响，以确保研究的科学性和有效性。

1.10　研究意义

　　本研究通过独特的视角和跨学科知识对博物馆用户体验进行深入探讨，这对博物馆管理员和研究人员具有重要的参考价值，可为他们在探索博物馆服务体验设计方面提供启发。最近用户体验领域的相关研究表明，服务设计和游戏化在探索博物馆用户体验方面起着重要作用，然而当前许多研究还不够深入，没有跨学科研究运用这些概念，抑或对于游戏化的讨论仅限于外部动机。迄今为止，大多数游戏化研究集中在游戏元素或机制上，如积分、等级、排行榜、徽章、挑战等。然而，基于奖励的外部动机只是短期目标，相对而言，有意义的游戏化研究应更具长期性，内在动机比外在动机更具推动力。通过深入理解博物馆、品牌、服务设计、用户体验以及基于身份的动机，本研究有助于通过洞察博物馆的年轻用户的内在动机或偏好，深入理解博物馆用户体验。总之，本项目中创新的研究框架和设计在以前的研究中尚未充分利用，因此，本文的研究结果可用于制定博物馆用户体验调查指南。

此外，这项研究还将对更多类似的博物馆产生正面影响，有助于拓展受众群体，进而提升大众的文化涵养。因为品牌体验与每个博物馆的核心价值观有关，每家博物馆的情况都是独特的。同属于历史建筑博物馆这一特定类型的博物馆都具有某些共性。因此，研究结果的广泛应用具有重要意义。特别是在中国，有 34 个省级行政区，每个省至少拥有一个省级博物馆。此外，中国各级各类博物馆近 5000 家。对于历史建筑博物馆这一特定类型，以北京为例，在名录中列出的 151 家博物馆中，就有 40 家属于古建筑文物保护机构。如果考虑到中国所有的历史建筑博物馆，数量将十分庞大。作为国家级博物馆，故宫博物院的体验研究能够树立典范，为历史博物馆类别提供指引。因此，研究结果可以在更广泛的范围内得到应用，从而通过吸引受众来扩展文化共享的空间，提升大众的文化涵养。

1.11　本章小结

在本章中，我们还明确了研究目标和研究问题，并建立了研究的概念框架，以指导研究的进程。不同于之前提及的研究，本研究从一个新的角度审视问题，并尝试利用跨学科的知识寻找解决方案。通过采用服务设计方法，研究旨在通过理解代表性用户如何体验博物馆来探索历史建筑博物馆的服务设计，以期提升年轻参观者的用户体验。我们希望这次关于北京故宫博物院的探索性研究能够为那些希望为博物馆设计令人满意的用户体验的人提供有价值的见解。

本章参考文献

[1]　白国庆，许立勇，2017. 移动互联网背景下数字博物馆公共文化服务的"共享机制"[J]. 深圳大学学报（人文社会科学版），34(4):37-42.

[2]　冯乃恩，2017. 物馆数字化建设理念与实践综述：以数字故宫社区为例 [J]. 故宫博物院院刊，(1):108-123.

[3]　冀佳伟，冯楠，张淑娟，2019. 吉林省博物院《文明曙光》观众参观行为之观察研究 [J]. 博物馆研究 (2):40-49.

[4]　刘军、刘俸玲，2017. 基于角色认知的"互联网 +"博物馆公共服务设计研究：以故宫博物院为例 [J]. 装饰 (11):118-119.

[5]　王开 . 博物馆个性化用户画像的构建及其应用 [J]. 信息技术与信息化，2020(01):11-16.

[6]　王忠瑜，宁芳，2022. 基于服务设计的秦始皇帝陵博物院服务触点优化研究 [J]. 工业设计 (06):115-118.

[7] AKASAKI H, SUZUKI S, NAKAJIMA K, et al, 2016. One Size Does Not Fit All Applying the Right Game Concepts for the Right Persons to Encourage Non-game Activities[C]//Yamamoto S. International Conference on Human Interface and the Management of Information. Switzerland: Springer International Publishing: 17-22.

[8] BARTLE R A, 2004. Designing Virtual Worlds[M]. United States: New Riders.

[9] BATTARBEE K, 2004. Co-Experience: Understanding User Experiences in Social Interaction[D]. Finland: Aalto University.

[10] BRYMAN A, 2012. Social Research Methods [M]. 4th ed. United States: Oxford University Press.

[11] LIN A C, FERNANDEZ W D, GREGOR S, 2012. Understanding Web Enjoyment Experiences and Informal Learning: A Study in A Museum Context[J]. Decision Support Systems, 53(4): 846 - 858.

[12] DEMHIST. ABOUT US: DEMHIST [EB/OL]. [2018-7-2]. https://demhist.mini. icom.museum/#.

[13] DENSCOMBE M, 2007. The Good Research Guide: For Small-scale Social Research Projects [M]. 3rd ed. New York: Open University Press.

[14] DONNELLY J F, 2002. Interpreting Historic House Museums [M]. Lanham: Rowman Altamira.

[15] ESPIRITU E K, 2018. Branding for Small and Mid-Size Museums: Relationships, Messaging, and Identity[D]. San Francisco: San Francisco State University.

[16] FALK J H, DIERKING L D, 2013. Museum Experience Revisited [M]. 2nd ed. Walnut Creek: Left Coast Press.

[17] PENIN L, 2018. An Introduction to Service Design: Designing the Invisible [M]. London: Bloomsbury Publishing.

[18] STICKDORN M, HORMESS M E, LAWRENCE A, et al, 2018. This is Service Design Doing: Applying Service Design Thinking in the Real World [M]. Sebastopol: O' Reilly Media.

第 2 章

文献综述

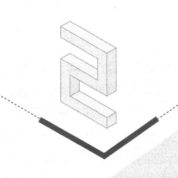

2.1 本章导读

本章的文献综述涵盖与该研究密切相关的概念和观点，其中包括博物馆、用户体验、服务设计，以及游戏化与动机等议题。本章研究内容范围广泛，涵盖了从在线数据库（如期刊文章和会议论文）到离线资源（如图书）等多个渠道的研究文献。尽管研究案例选定为中国的博物馆，但所引用的文献涵盖了不同国家的研究成果，这有助于超越地域限制，拓宽研究视野。通过系统性的文献综述，旨在为后续的研究工作提供理论支持和方法指导。

2.2 博物馆

本研究中文献综述的起始点是对关键词"博物馆"进行阐释。本部分细分为三个小节：博物馆的发展与内涵演变，多元语境中的历史建筑博物馆，从实体博物馆到虚拟博物馆。在这个章节中，我们将探讨博物馆作为文化机构的发展历程、功能演变，以及其在不同社会语境中所扮演的角色。同时，我们将关注博物馆多样性，特别是历史建筑博物馆作为一种特殊类型的展示空间在博物馆领域中的地位和影响。最后，我们还将探讨数字化时代背景下虚拟博物馆的兴起与发展，以及实体博物馆与虚拟博物馆之间的互动关系。通过对博物馆这一重要文化载体的综合分析，将为后续研究提供重要的理论基础和背景知识。

2.2.1 博物馆的发展与内涵演变

本小节从"博物馆"这一关键词展开，探讨了博物馆的演变历程。

最初，"博物馆"一词起源于"缪斯"（英语：Muses，希腊语：Μουσαι，拉丁语：Musae）。在古希腊神话中，"缪斯"是九位负责艺术和科学的女神的总称。18 世纪之前，各种形式的博物馆出现，但并非所有博物馆都对公众开放。历史上，大英博物馆是世界上第一个对公众开放的国家级博物馆。大英博物馆的起源是由医生、博物学家和收藏家汉斯·斯隆（Hans Sloane）遗赠的超过 71000 件物品，该博物馆于 1759 年开馆。大英博物馆最初的目的只是为了收藏。随后，新时代的博物馆在 18 世纪相继在欧洲建立起来，并在 19 世纪和 20 世纪普及到世界各地，例如卢浮宫博物馆、蓬皮杜国家艺术和文化中心、大都会艺术博物馆、奥塞博物馆。

博物馆的普遍兴起在全球范围内要求博物馆组织促进博物馆之间的交流，确立卓越标准。在这样的背景下，国际博物馆协会（ICOM）应运而生，它是唯一代表博物馆和博物馆专业人员的国际组织。自 1946 年国际博物馆协会成立以来，博物馆的定义在数十年内已经多次变化。根据 Baghli、Boylan 与 Herreman（1998）的说法，在 1946 年 11 月 ICOM 创始决议中首次提出的定义提到"博物馆"一词包括所有对公众开放的艺术、技术、科学、历史或考古材料的收藏。这个定义强调了博物馆是一个收藏机构，并强调了公众的重要性。在那个时代，向普通公众开放博物馆的想法是相当新颖的（Simmons，2016）。接下来的 1951 年、1962 年和1968 年，ICOM 从不同角度强调了参与和为公众服务的理念。回顾博物馆的发展，杜水生（2006）指出，综合来看，国际博物馆协会提出的博物馆定义可以分为两个主要阶段，在 20 世纪 70 年代之前，博物馆的基本功能得到了强调，但之后博物馆与社会之间的互动关系变得更加显著。

第 9 届 ICOM 大会于 1971 年在巴黎和格勒诺布尔举行，主题为"博物馆为人类的今天和明天服务：博物馆的教育和文化角色"。会议上，随着首次提出"生态博物馆"的方向，"新博物馆学"得以发展。需要特别指出的是，生态博物馆由政府机关和当地人民共同创建，为社区提供服务（Trotter，1998；Rivière，1980）。Trotter进一步总结，生态博物馆将普通公众和社区置于中心地位，而不是收藏品。在 1972年，关于"展品"与"人"的关系的话题开始在智利首都圣地亚哥举行的圆桌会议上展开讨论。1989 年，ICOM 重新阐述了博物馆的宗旨是研究和教育，引入交流与沟通概念是与以往定义的最显著差异。这表明国际博物馆协会强调，与单向传达功能不同，博物馆采取了一种互惠的方法，通过将沟通和展览作为博物馆的核心功能来表明一种双向交流的方法。经过重新审视，2007 年国际博物馆协会提出了博物馆的最新定义：

博物馆是一个非营利的、永久性的机构，为社会及其发展提供服务，向公众开放，获取、保护、研究、传播和展示人类及其环境的有形和无形文化遗产，以供教育、研究和欣赏之用。

从上述定义来看，其中最重要的调整是在表达博物馆宗旨时，"教育"被调整到了第一位。这种顺序调整意味着博物馆、社会和个体之间的关系受到了强调，目标是教育。此外，博物馆的内容扩展延伸到了无形遗产。第三个调整是删除了博物馆组织的示例清单，这一删除意味着更多的关注被放在了博物馆的组织特点、社会责任和社会效益上，旨在鼓励博物馆的创新（包括博物馆形式的创新）。

总体而言，博物馆定义的发展与时俱进，主要是基于公众需求的调整。博物馆的"展览导向"概念已经转变为"以访客为导向"的服务公众概念。这意味着博物馆的功能不再仅限于简单地展示、保存和研究物品或艺术品，对博物馆的理解应不断更新以满足用户需求。从博物馆的发展来看，教育、研究和欣赏是博物馆宗旨中最常被引用的内容，尤其是自20世纪70年代以来，这说明教育功能越来越重要。正如学者们证明的，新时代博物馆的使命不仅关心藏品，还关注如何利用藏品；不仅关注艺术，也关注人（Decker，2017；Alexander et al.，2017）。

由此可见，国际博物馆协会的使命在于制定博物馆活动的专业和道德准则，其在确立博物馆领域标准方面所作的贡献不容忽视。作为由博物馆和博物馆专业人士组成的国际组织，2004年，国际博物馆协会在韩国首尔举行了首届亚洲大会，通过这一举措，强调了将亚洲大陆更深入地融入其组织的愿景。2010年，该协会在上海举办了第22届大会（图2.1），继续加强其在亚洲地区的影响力。

图2.1　国际博物馆协会第22届大会

2.2.2　多元语境中的历史建筑博物馆

如前文所述，国际博物馆协会于2007年提出的最新定义去掉了博物馆组织的示例清单。这一调整旨在关注博物馆的内涵而非形式，以此来鼓励博物馆的创新。在博物馆多样性的语境下，历史建筑博物馆成为博物馆的独特类型。

提到历史建筑博物馆，在对中国博物馆的评估中，故宫博物院受到了国内普通公众及专家学者的广泛认可。然而，在国际评价机构发布的全球博物馆排名中，故宫博物院的国际知名度和影响力并未完全得到认可。至于主要原因，评价机构认为尽管有大量游客参观故宫博物院，但其中大多数人是为了游览建筑而非参观展览（章宏伟等，2017；关昕，2017）。图2.2为北京的故宫博物院的导览地图，与常

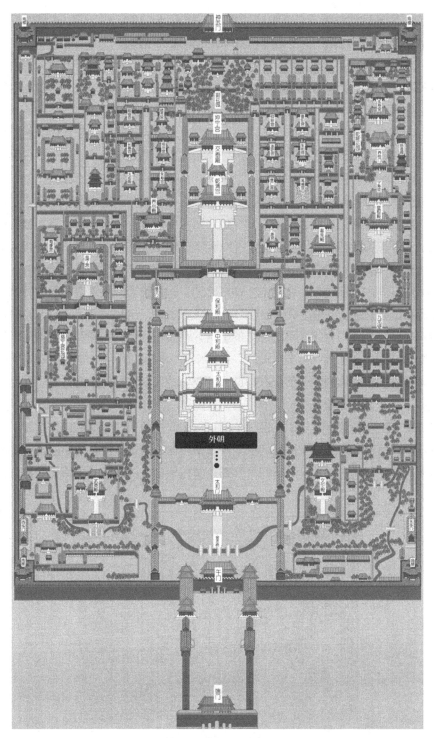

图2.2　北京故宫博物院导览地图

规博物馆导览地图以展览内容或者主题为主线不同，该导览地图以建筑为主线不同，清晰呈现了博物馆内部的布局和各个建筑的准确位置。

从以上分析可以得出结论，一些评价机构在很大程度上忽视了博物馆形式的多样性和特殊性。然而毋庸置疑的是，历史建筑博物馆已俨然成为博物馆的独特类型。此外，建筑是博物馆的古老形式之一，在世界各地都有大量建筑或房屋（Young，2007）。郝黎（2014）和关昕（2017）也指出，历史建筑博物馆（或遗址博物馆）类别中的古建筑是重要的文化遗产，是相当重要的实物展示。例如，Gammel Estrup Manor（丹麦老埃斯楚普庄园博物馆）是丹麦领先的庄园博物馆（图2.3），该博物馆从国家和国际角度对庄园的各个方面进行研究，包括建筑和景观、文化和历史、农业和经济，参观者可以漫步穿过伯爵和伯爵夫人几个世纪以来居住的令人惊叹的大厅和优雅的房间，了解居住者如何度过600年的生活。美丽的巴洛克花园向公众开放，孩子们可以探索大型自然游乐场。全年举办多个主题展览，并在所有学校假期期间为儿童举办特别活动。通过比较，作为国际博物馆协会历史建筑博物馆国际委员会认定的历史建筑博物馆之一的Gammel Estrup Manor与北京故宫博物院有很多共性，两者都是历史悠久的建筑，承载着丰富的历史和文化价值，反映了不同时期的生活和社会背景。此外，这两个博物馆都展示了丰富的文化遗产，包括艺术品、历史物件和文化传统，帮助人们更好地理解过去的生活方式。尤为重要的是，这两个博物馆都向公众开放，使人们能够亲身体验和了解历史建筑的魅力，促进文化交流和理解。鉴于以上评述，要扭转公众对历史建筑博物馆的认知，通过社交媒体、展览、讲座等渠道解释历史建筑博物馆的定义，让公众更清楚地了解这一概念，避免误解。因此，当前有必要强调故宫博物院的历史建筑博物馆特征，并重新建立建筑物与游客之间的联系。

图2.3 丹麦老埃斯楚普庄园博物馆

在先前对于博物馆的研究中，对历史建筑博物馆的关注仍然太少。幸运的是，国际博物馆协会于 1997 年成立了前面提到的历史建筑博物馆国际委员会（DEMHIST），专注于历史建筑博物馆的保护和管理。DEMHIST 于 2018 年提供的对历史建筑博物馆的定义大致如下："历史建筑博物馆的种类非常广泛，从宫殿到小屋，涵盖了各个历史时期的建筑。在对这些博物馆的诠释中，包括了它们的历史、建筑、文化、艺术和社会意义。"尽管历史建筑博物馆在履行保护使命方面做得很好，但 Vagnone 与 Ryan (2016) 仍指出，当前历史建筑博物馆在提供游客体验方面存在缺陷：

对于一些历史建筑博物馆来说，我们似乎会产生这样的印象：他们似乎仅仅是允许我们参观就已经在服务我们了。历史建筑博物馆需要放下这种保留态度，与参观者之间建立更多的默契，从而形成相互的纽带，使彼此能够更加愉快地共度时光。

以上陈述明确说明了历史建筑博物馆重视参观本身，而忽视了游客体验。在探讨了历史建筑博物馆的内涵并分析了其不足之后，研究人员再次强调当前中国历史建筑博物馆的现状。在国家文化遗产局发布的 2015 年全国博物馆名录中，中国 31 个省份共有 4626 家博物馆。对于历史建筑博物馆这个特定类别，以北京为例，在该名录中列出的 151 家博物馆中，有 40 家古建筑文物保护机构。如果统计中国所有的历史建筑博物馆，这个数字将是相当庞大的。中国有大量的历史建筑博物馆，这表明基于历史建筑博物馆的研究在中国具有重要价值。

2.2.3　从实体博物馆到虚拟博物馆

过去的半个世纪里，博物馆的展品导向概念已经转变为以访客为导向的为公众服务的理念。由 Garau 与 Ilardi（2014）的观点得知，传统博物馆通常被认为是在具体的实体场所提供文化交流以传递记忆。20 世纪末，Schmitt（1999）主张将观念从"特征和优势"转向用户体验（UE）是至关重要的。Schweibenz（1998）也指出，博物馆不仅仅是展示物品，更重要的是它需要创造意义和背景，因为博物馆是访客、物品和信息的连接。而通过李思雨（2017）进行的调查显示，"娱乐"占访问博物馆动机的最高比例（38.41%），高于其他所有选项（学习 33.54%，陪同他人 16.46%，其他 11.59%），这表明大多数访客在访问实体博物馆或在线博物馆时有强烈的体验目的。在这项调查中，共发放 550 份问卷，返回了 516 份。研究选用了每隔"第二"的方式抽取样本，也就是说从 516 份问卷中，每隔两份，抽取一份，共抽取了 170 个样本，其中 164 个有效。

博物馆应该服务于公众，让观众感觉受到欢迎，吸引人的展品本身并不总是必要的。因此，除了"有形"的内容外，博物馆还需要提供"无形"的体验（田凯等，2015）。其实早在20世纪，Holbrook与Hirschman（1982）已指出，人类可以被视为既理性又情感丰富的动物，常常追求充满幻想、情感和乐趣的用户体验。然而，大多数博物馆仍然没有重视通过博物馆服务为访客带来的个人体验，并且不擅长激发用户的参与和想象力。根据多名学者的研究发现，大多数现有的博物馆与放松或娱乐无关。这种情况反过来导致参与度较低的潜在访客只将博物馆视为教育机构。因此，有必要将诸如互动性、社交性和创造力等体验价值引入博物馆参与中。总之，博物馆的定位缺乏对博物馆休闲市场属性的关注，这是21世纪面临的挑战（Espiritu，2018）。

至于博物馆体验，丰富博物馆内外两方面的访客体验是未来的趋势（Falk et al.，2013）。遗憾的是，当前传统的"人与人之间"的实体互动体验仍然是博物馆追求的模式。最近几年，越来越多的博物馆研究专家关注了实体博物馆的缺点：容量有限，访客活动空间有限，实物展品的影响力也有限（冯乃恩，2017）。此外，考虑到中国幅员辽阔，许多观众仍然距离博物馆较远，这就导致大型博物馆难以通过传统方式为这些观众提供服务。因此，管理者必须找到最广泛、最高效、最便利和最个性化的解决方案来应对这一困境。

恭王府博物馆馆长、故宫博物院原副院长冯乃恩（2017）指出，解决上述问题的方法是利用互联网，例如官方网站、移动应用程序（APP）。然而，长期以来，博物馆网站更倾向于介绍基本事实，例如位置、参观路线以及有关建筑设施或展览的信息，这样博物馆网站更像是高科技的告示板。至于APP，目前多数博物馆应用程序显得乏味，缺乏个性。总体来说，大多数博物馆应用程序都仅提供展览导航、展览内容、文本或语音解释、活动介绍等。这些传统设计难以满足博物馆用户的需求，并不是真正意义上的数字博物馆或虚拟博物馆。

尽管如此，应该肯定的是，我们在基于互联网的虚拟博物馆方面的研究在本世纪已取得了一定进展。21世纪初，虚拟博物馆的出现使信息传播到世界偏远地区，为可能永远无法亲临实体博物馆的线上用户提供服务（Aurindo et al.，2017；Proctor，2010；Schweibenz，2004）。毋庸置疑，虚拟信息交流已成为扩展实体博物馆的重要途径。在大量的文献中，虚拟博物馆跨国网络（Virtual Museum Transnational Network，V-must）在为虚拟博物馆提供最新的定义时，更加强调用户体验。它是一个致力于推动虚拟博物馆发展和合作的组织，其旨在促进各地虚拟博物馆之间的联系，共享资源和知识，并提供一个平台，用于交流有关虚拟博物馆的最佳实践和创新，以更好地满足当今数字化时代观众的需求。以下是其为虚拟博物馆提供的最新定义：

虚拟博物馆是由机构向公众提供的一种沟通媒介，侧重于有形和无形的文化遗产。它通常采用互动和沉浸式元素，用于教育、研究和休闲，旨在丰富参观者的体验。虚拟博物馆通常通过电子方式呈现，常被称为在线博物馆、超媒体博物馆、数字博物馆、网络博物馆等（V-must, 2017）。

在虚拟博物馆中使用的媒体类型方面，诸多研究提到了虚拟导览中的五种媒体类型：基于文本、基于照片、全景视图、基于视频和实时虚拟现实。

比较实体博物馆和虚拟博物馆，虽然现场观众和远程访客之间的界限逐渐模糊，但中国国家博物馆原副馆长陈履生表示，博物馆的核心是展示原作品，过于强调虚拟化的作用会减少对博物馆的尊重。同时，他还打了一个比方："数字声音目前表现不错，可以还原真实的声音，但人们仍然必须去音乐厅寻找现场体验，现场的感觉无法被取代。"这说明虚拟博物馆源自实体博物馆，虚拟展览不会取代实体展览，因为虚拟展览无法使人感受到实体展览的氛围。就像将传统印刷书和电子书进行比较一样，它们永远不会相互取代，而是会共存。

在讨论虚拟博物馆是否能够替代实体博物馆时，Marty（2007）坦率地总结道："他们知道真正的奖励在博物馆里，他们没兴趣用虚拟博物馆取代实体博物馆。"他进一步指出，实体博物馆和虚拟博物馆之间存在互补关系，在线用户通常在访问实体博物馆之前和之后使用在线博物馆。此外，该学者的几项调查还得出了初步结论：虚拟博物馆促进了实体博物馆的参观，而不是阻碍了实体博物馆的参观。

在虚拟和实体的联系方面，以下是通过回顾"人间净土"项目来启发研究人员的案例。为了增强和分享中国敦煌莫高窟的生动形象，作品《人间净土：走进敦煌莫高窟》和《人间净土：增强现实（AR）版》（图2.4）让游客以不同的方式欣赏莫高窟第220窟的全尺寸增强数字复制品，在享受文化遗产的魅力同时，访客也获得了非凡体验。该案例为 Sarah Kenderdine（莎拉·肯德丁）教授的实践研究项目。

图2.4 《人间净土：走进敦煌莫高窟》及其增强现实版作品

3D 穹顶全景作品《人间净土：走进敦煌莫高窟》于 2011 年首次向公众开放，它位于香港城市大学。这个直径 10m，高 4m 的空间，营造了与莫高窟最接近的用户体验。这个虚拟洞穴装置可以容纳 30 名访客，创建了一个具有沉浸式 3D 和 360°可视化系统的高级视觉和互动环境。其中最吸引人的是壁画，用户可以通过操作界面在墙上显示关键内容。动画、视频和放大的方法颠覆了访客对壁画艺术的原始体验（图 2.5）。正如其作者所说的，在全景的包围下，访客可以感受一个真实的替代体验，在这个洞窟内就像在一比一的尺度下欣赏壮丽的佛教壁画（Kenderdine，2013）。

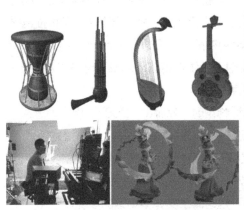

图2.5 3D乐器重建及现场表演动画的运用（左）；访客使用放大镜查看壁画中的乐手（右）

另一个作品《人间净土：增强现实（AR）版》是一个结合移动设备的增强现实画廊（图 2.6）。该作品与前面提到的作品《人间净土：走进敦煌莫高窟》之间存在一种互补关系，展览墙与真实洞窟的比例是一比一。同时，一个一比一比例的线框覆盖了墙壁和天花板，提供了一个扫描参考。当游客拿着平板电脑在展览大厅里走动时，线框式的半隐藏雕塑和壁画就会出现在平板电脑的屏幕上。在许多情况下，人们会看到多名访客聚集在一台平板设备前，惊奇地观看并讨论一个有趣或意外的增强画面。这无疑为大家带来了一种多用户的社交体验，也就是共同体验。

Sarah Kenderdine 是香港城市大学客座副教授，画廊、图书馆、档案馆和博物馆创新中心主任，交互式可视化和实施应用实验室研究主任。Sarah Kenderdine 教授以其在实体博物馆与虚拟博物馆交叉领域的卓越贡献而著称，她引领着前沿的互动与沉浸式体验研究，将文化遗产与新媒体艺术相结合，探索实体与虚拟之间的无限可能性。Sarah Kenderdine 教授带领着一个由软件工程师、艺术家和策展人

图2.6　游客们聚集在数字平板电脑周围观看220窟的增强视图

组成的团队，处于为画廊、图书馆、档案馆和博物馆提供互动和沉浸式体验的前沿。在大量的装置作品中，她将有形和无形的文化遗产与新媒体艺术实践融合在一起，特别是在互动电影、增强现实和情感叙事领域。Sarah Kenderdine教授为全球各地的博物馆制作了90个展览和装置。2017年，Sarah Kenderdine教授被任命为瑞士洛桑联邦理工学院（EPFL）教授，她在那里建立了Laboratory for Experimental Museology（实验博物馆学实验室，简称eM+），探索成像技术、沉浸式可视化、数字美学以及文化与科学大数据的融合。自抵达瑞士以来，她已经获得了近1200万瑞士法郎的竞争性拨款和捐赠。

在2020年，Sarah Kenderdine教授被评为2020年博物馆影响力榜单的十大人物之一，同时连续两年被瑞士 *Bilanz* 杂志评选为瑞士百大数字领袖。在2021年，她又被任命为英国科学院通讯院士。除此之外，Sarah Kenderdine教授还在全球范围内作为主题演讲者频繁登台。

2.3　用户体验（UE）

通过前文所述得知，在参观实体博物馆之前和之后，用户通常会使用在线博物馆资源，而以往的研究中也已确认了实体与虚拟博物馆之间存在一种互补关系。追溯其源头，线上、线下结合的设计最初的动机是满足博物馆用户的需求，无论是身处博物馆内还是远在千里之外的用户。

追本溯源，用户体验（user experience，UE）这一术语最早由唐纳德·诺曼（Donald Norman）于20世纪90年代中期提出并逐渐推广。他是尼尔森·诺曼集团的创始人，同时也曾是一位认知科学教授。从理论上来看，体验经济所强调的个性化特征与马斯洛的人类需求层次结构中的最高需求，即"自我实现的需求"是一致的。体验经济强调满足个体的情感和欲望，而自我实现的需求正是个体在层次结构中的最高层次，代表了对自我成长、发展和实现潜力的追求。因此，用户体验不仅是一种现象，更是一种根深蒂固的人类心理需求。无论是在博物馆还是在其他活动领域，我们都能看到用户体验的存在和影响，因为它是人类与世界互动的基本方式，贯穿于各个层面和环节。然而，尽管世界上几乎所有事物都经过或多或少的精心设计，但这些设计往往被人们所忽视，因为人们可能更加关注体验的结果而非设计的过程。

这个部分将从以下四个小节进行详细阐述：以用户为中心的用户体验、超越个人主义的共同体验、博物馆技术所赋予的体验，以及用户体验调查方法。该部分内容将有助于读者更深入地理解用户与博物馆之间错综复杂的互动关系，从而深入挖掘用户体验的内涵。

2.3.1 以用户为中心的用户体验

设计师必须针对社会需求作出响应，而非仅满足设计本身的需求，设计能够持续发展的前提是它能够超越自身的局限。在这一视角下，我们需要培育以用户为中心的设计（User-Centered Design，简称 UCD）（Frascara，2015）。正如 Falk 与 Dierking（2013）所言："在最理想的情况下，体验的结果目标建立在这样的假设基础上，即这种体验直接关联到设计师所针对的特定受众的特定需求和（或）兴趣。"

此外，大量文献已经表明了用户体验必须是以用户为中心的。追溯其起源，"UCD"源自 20 世纪 80 年代的唐纳德·诺曼的研究实验室，并自从一本名为《以用户为中心的系统设计：人机交互的新视角》的著作出版后得到了广泛使用，该术语长期以来主要用于人机交互领域。唐纳德·诺曼强调要最大程度地追求满足用户的需求、愿望，以及考虑产品预期使用的必要性。具体而言，作为一个整合用户需求的过程，UCD 是一种在设计过程中密切关注用户知识和参与的方法，通过确定真实需求、反应和行为来改进设计的最终实施。简而言之，UCD 是一种旨在将最终用户置于设计过程中心地位的设计理念（Harte et al.，2017）。

根据 Frascara 等（1997）的观点，糟糕的设计和复杂的展示会使普通人变成"文盲"，剥夺公民的权利，甚至为犯罪创造可能性。Siang（2017）举了一个例子，展示了设计以用户为中心来解决信息过载的情况有多重要，案例如下：

多年来，洛杉矶的停车标志存在信息过载的问题，复杂的交通规则要求在有限的空间内呈现大量信息。令人费解的信息导致司机无法迅速判断停车的特定时间和地点。这个看似简单的问题实际上令人筋疲力尽。因此，非人性化的设计无法满足用户的需求。作为设计师，尼基（Nikki Sylianteng）坚持UCD理念，研究用户需求，并尝试通过视觉设计而不是使用文字，满足用户快速查找所需信息的需求。Nikki Sylianteng设计的标志非常直观（图2.7）：绿色代表允许停车，红色代表禁止停车，甚至为了方便色盲人士，将红色添加条纹表示禁止停车。在有限的空间内需创作大量信息的情况不仅发生在这个案例中，在很多时候，设计移动应用程序也面临着同样的问题。

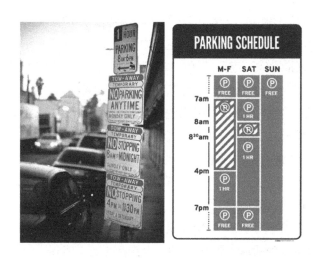

图2.7   重新设计停车标志之前和之后的对比

尼基的设计之所以成功，是因为她是以用户为中心的。这个案例强调了理解用户需求和基于这些需求设计的重要性。同时，试图利用视觉效果而不是文本来传达信息方便了用户的认知。与此同时，这个案例还引出了一个新的话题，即可用性。直到最近，可用性仍经常被误认为是用户体验。作为用户体验的基石，可用性无疑是UCD的重要衡量标准（Dabbs et al.，2009），但它并不等同于用户体验。总的来讲，多数学者认为可以将可用性视为学习和使用系统的便利程度，包括安全性、有效性和效率。

由前面的分析可以得出结论，以用户为中心的设计是一种方法论，旨在通过深入了解用户需求来创造出更好的用户体验。而这里面提到的用户体验则是一个更广泛的概念，它强调用户在使用过程中的整体体验和感受。简单来说，上述二者的关系可以理解为：通过采用以用户为中心的设计方法能够更好地实现理想的用户体验。

无处不在的用户体验旨在提升生活质量，因此基于这一动机，良好的用户体验必须具备基本的功能实用性，能满足人们的心理和情感需求（Von et al.，2014）。至于对用户体验的理解，以往有诸多学者已提出了多个定义。然而，到目前为止，尚未达成共识。其中一个原因是用户体验作为一个跨学科领域，从不同的角度来看，有不同的定义。有研究者对于如何通过有效的交互设计来满足人们的体验深感兴趣并持续关注，通过广泛参考其他学者的观点试图对体验进行解释，最终得出以下对用户体验的定义：

产品在用户手中的感觉，用户对其工作原理的理解程度，用户在使用过程中的感受，产品是否能很好地实现其目的，以及产品在用户使用环境中是否完全适配。

上述定义强调了使用特定产品的感受。作为著名的用户体验设计师和研究人员，尼尔森（Nielsen）在他对用户体验的定义中添加了"服务"一词，扩展了用户体验的范围。他极力推荐以下定义："用户体验涵盖了用户与公司的服务、产品之间的所有互动层面。"与上述观点一致，从广泛适用的角度来看，其他学者同样推荐打破产品与服务之间的障碍，他们认为不管是在产品使用中还是在服务过程中，用户体验都是一种强烈超出预期的兴奋感。尚有一种稍显激进的观点，认为超越用户期望才是实现品牌体验目标的唯一途径。这种观点强调了创新思维在塑造品牌体验中的重要性，为品牌营销提供了新的视角。总之，可以将用户体验直观地理解为用户对产品或服务使用所产生的看法和反应。

上文中，既然提到了用户期望，就不可避免地引出由著名心理学家马斯洛（Abraham Harold Maslow）所提出的"人类需求层次结构"（图2.8）。在这个模型中，马斯洛认为人类是一种永远有欲望的动物，且难以满足。具体而言，在这个模型中，人类需求从低到高排列，依次为生理需求、安全需求、爱与归属、尊重需求和自我实现，一旦低一层的需求被满足，另一个更高层次的需求就会紧随其后（Maslow，1943；Jordan，2002）。综合上述对用户期望和人类需求层次的所有评述，可以推论出用户体验存在不同的层次。这表明用户体验并非单一的概念，而是在不同的需求和期望层次上呈现出多样性。

与预期一致，用户体验的层次自然遵循马斯洛的"人类需求层次结构"理论。从 Falk 与 Dierking（2013）的研究中可得出结论，即马斯洛的需求层次结构是一个在研究如何满足博物馆访客需求方面具有价值的设计工具。在 2008 年，尼尔森·诺曼集团在会议上确定了用户体验的四个可理解层次模型，即用户体验的质量属性包括可用性、易用性、吸引力和品牌体验。这些属性可用作测试产品或服务的用户体验之基础，如图 2.9 所示。其中，可用性和易用性容易混淆，可用性关注

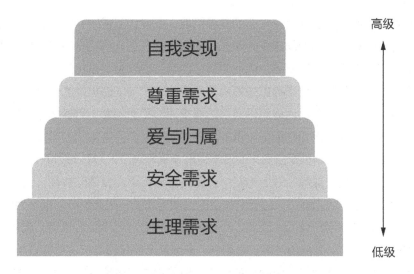

图2.8　马斯洛理论：人类需求层次结构

图2.9　尼尔森·诺曼集团会议上定义的用户体验四个级别

产品或服务的功能是否满足用户需求，而易用性关注用户在使用产品或服务时的舒适度和效率。一些学者认为，用户体验设计师能够操控的层面主要有可用性和吸引力，而品牌体验则不在他们的控制范围之内。这是由于品牌体验涵盖多个因素，包括感觉、情感和认知等，不仅受设计师影响，还受个人感知和环境等因素影响，因此设计师无法完全控制。然而，还有一些学者持不同的观点。他们认为，尽管企业或组织无法直接控制个人的感知方式，但公司可以通过自身希望个人看待其品牌的方式影响这些个人印象。综上所述，我们可以得出结论，马斯洛的需求理论在探索满足博物馆访客需求方面具有一定的参考价值。在设计实践中，尼尔森·诺曼集团提出的用户体验四个层次同样令人深思。两者关联在于，马斯洛的需求理论为用户体验提供了心理和情感的基础，而尼尔森·诺曼的模型则为设计师提供了实际操作层面上的指导，帮助设计师考虑如何满足用户的需求并创造更好的体验。设计师和研究者应根据设计对象灵活运用马斯洛的需求理论和尼尔森·诺曼集团的用户体验模型，以拓展设计视野和创造更丰富的用户体验。尽管品牌体验的复杂性导致设计师对它难以操控，然而机构自身可通过塑造形象来影响个人对其的印象。

为了进一步增进理解，对上述四个质量属性进行更为具体的解释：①可用性是核心，它指的是问题的解决。由于它关注的是实用功能，因此也可以理解为实用性，没有可用性就没有用户体验。因此，可用性关注产品对用户是否有用，或者它是否满足用户基本需求。②易用性高于可用性，它涉及产品是否能被容易和直观地使用。虽然刚才提到没有可用性就没有用户体验，但可用性只是提供良好用户体验的最低要求。在满足基本需求的基础上，易用性好的产品或服务能够使用户轻松、高效地使用，在使用过程中减少困惑和错误。然而，对于理想的用户体验来说，可用性和易用性仍不足以满足一些用户的期望。③吸引力也被称为可欲性，它高于前两者，强调的是产品或服务在用户眼中的吸引力和用户对其的渴望程度，也就是说将产品从可用变为用户需要和渴望并因此而采用的东西。可欲性强调外观和感觉必须令人愉悦，这就要求用户体验设计师应为产品或服务增加特色。形象地说，可欲性是用户对某个选择的偏好，或者说是用户更喜欢一种产品或服务而不是另一种产品或服务的原因。④品牌体验和可欲性是不可分割的，前者回答了关于用户对产品、品牌或机构的感受是否良好的问题。根据前文中一些学者的观点可知，要实现品牌体验目标，就必须超越用户的期望。当许多人对品牌体验感到好奇时，Schmitt（2009）将品牌体验定义为"由品牌相关的各种因素引起的主观、内在的消费者反应（感觉、情感和认知），以及在品牌的设计与形象识别、包装、传达以及环境等方面产生的行为反应"。总体来看，可欲性强调对特定物品或体验的渴望，侧重于产品的吸引力和情感联系，确保其为用户解决问题并在市场中脱颖而出。而品牌体验则涵盖用户对产品及其背后的机构/品牌的感受和整体印象，包括设计、包装、传达和环境。这样一来，品牌体验大多不在用户体验设计师的控制范围内。

对于博物馆背景下的用户体验，参观者对博物馆的理解是最具建设性的，因为他们是真正的用户，而不是规划管理者或工作人员。从整体上看，博物馆体验始于访问博物馆前，包括在博物馆内的体验以及与其他参观者的互动体验，并在参观者离开博物馆后持续很长一段时间。此外，Falk与Dierking（2013）通过以下描述进一步解释了这种全面的体验：

体验始于决定去博物馆之时。这个决定越来越多地受到在线数字体验的影响。一旦参观者到达博物馆，博物馆体验包括找到入口，通常还包括爬楼梯等环节。此外，售票员、验票员和保安的举止以及博物馆是否拥挤都是体验的一部分。体验还包括在博物馆内看到的展览，以及在礼品店购买的物品。同时，与家人或朋友的交谈也很重要，参观者发送的短信或上传的照片同样重要。在博物馆用餐、喝咖啡等也可能是体验的一部分，晚上可能会有餐桌上的讨论。博物馆体验还包括参观后的记忆，这些记忆会因相关的词语、事件、推文或纪念品而被唤起，这些记忆会影响参观后的体验。

Schmitt（2009）认为，许多行业的体验研究应该随着时间的推移而扩展，特别是在服务行业。基于整体体验设计理念，Touloum、Idoughi 与 Seffah（2017）进行的项目中也提到，将用户体验纳入服务设计过程涉及评估接触点和用户旅程。这些主题将在后面讨论。

2.3.2　超越个人主义的共同体验

社交情境极大地影响着共同体验。例如，当与朋友一起开车去乡村时，因为油耗尽了而产生的体验是冒险还是灾难取决于朋友们如何解读这种情况。有的人可能感到沮丧，有的人可能会发现其中的好玩之处并表现得颇为幽默，还有人可能会觉得这真是一场灾难。其他社交互动影响用户体验的例子可能包括在博物馆中你看其他人如何玩模拟太空行走的东西，学会了一些窍门，这样你自己玩起来更得心应手；在数码店，和摄影爱好者朋友一起挑选数码相机，他们分享了经验，帮助你做出更好的购买决定；在群聊中，学会了用缩写文字来发信息，这让你的沟通更直接。这些都会影响你的体验。在博物馆参观的情境中，共同体验是指和其他人一起分享的互动体验。比如，你和朋友一起参观博物馆展览，观看展品时会互相交流讨论，分享看法。或者在线上，你可以在社交媒体上看到朋友分享的博物馆参观照片或故事，与他们互动讨论博物馆体验（图 2.10）。这种交流和分享让参观博物馆变得更有趣，也增加了共同体验的乐趣。

作为波士顿科学博物馆信息与互动技术副总裁，马克·奇克（Mark Check）指出，博物馆展览对观众的吸引力不是最大的，公众进入博物馆的主要目的是获得社交体验（LeVines，2015）。此外，奇克认为波士顿科学博物馆是一个实践性强、参与度高且充满活力的博物馆，因为该博物馆发起了"博物馆自拍日"活动，通过社交软件发布照片将博物馆文化传播到全世界。可以看出，社交媒体已成为博物馆参与和体验的重要途径（Decker，2017）。自由拍照并通过社交媒体传播为双向互动提供了可能性，正如下文所言：

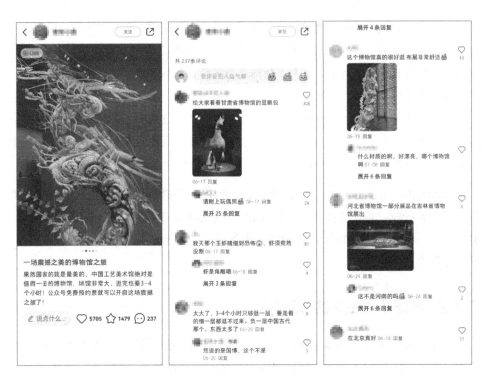

图2.10　在小红书上分享博物馆参观经历并与其他人互动讨论

博物馆体验不仅包括访客与展览、项目、网站和解释材料的互动，还包括访客与工作人员、同行成员和其他人的互动体验（Falk et al.，2013）。

共同体验是一个过程，参与者在其中相互合作，共同为共享体验作出贡献，从各自的生活背景中创造出解释和意义，同时也促使主题和社会实践得以演进和发展（Battarbee，2004）。

以上陈述强调了博物馆访客与他人分享的体验。然而真实情况是，当前的研究主要关注个体体验（以个人为中心），忽视了与他人的共同体验。当人们共同行动时，他们会创造出不可预测的情境，并必须创造性地回应彼此的行动。至于共同体验的定义，我们可以从 Battarbee 上面的描述中总结出，共同体验是指在社会互动中的用户体验。总之，博物馆体验不仅仅局限于个体与展览之间的互动，还涵盖了访客与其他人之间的互动，这种共同体验在博物馆体验研究和设计中具有重要价值。

关于共同体验，其他文献也达成了共识。在 *The Pursuit of Pleasure* 一书中，Tiger（2000）大致将愉悦归纳为四类：生理愉悦、社交愉悦、心理愉悦和思想愉悦（图 2.11），这些愉悦类型反映了人类在不同层面上的情感和体验。在博物馆体验中，通常都会涵盖这四种愉悦，例如：生理愉悦（通过感官体验）、社交愉悦（与他人一起参观）、心理愉悦（思考、理解展品），以及思想愉悦（获得新见解或体验）。与共同体验的理念相一致，其中的社交愉悦指的是人们与他人之间的互动和联系成为快乐的来源，而这些互动可以带来情感的满足和愉悦感（例如参加派对，或与朋友去咖啡馆），因此社交愉悦是通过关系和社会互动获得的。在博物馆语境中，社交愉悦可以体现为与朋友或家人一同参观博物馆，分享彼此的观点和感受。例如，在观看一件艺术品时，你可以与同伴交流你的感受和想法，从而增进彼此之间的交流和互动。此外，还可以参加博物馆举办的互动活动，与其他参与者共同学习、合作和交流，从而丰富了整体的参观体验，带来了社交上的愉悦感。此外，社交媒体分享也是一种社交愉悦的体现。当你在博物馆参观时，拍摄照片、录制视频或发表文字，然后通过社交媒体平台与朋友、家人和其他人分享，可以让他们了解你的博物馆体验，引发互动和讨论。这种分享不仅让你感受到与他人的连接，还可以激发其他人的兴趣，让他们了解和欣赏博物馆中的展品和文化。通过社交媒体分享，你能够扩展社交圈子，增加与他人的交流，从而带来愉悦的社交体验。巧合的是，在这个话题中，Battarbee 与 Koskinen（2005）也解释道："共同体验关注人们在交流、分享故事和一起做事时是如何产生不同看法和理解的。通过理解这些互动，可以在产品和服务的设计中创造出共同体验的机会。"总体而言，与个体用户体验不同，共同体验通过共创而产生，扩展了用户体验的视野。

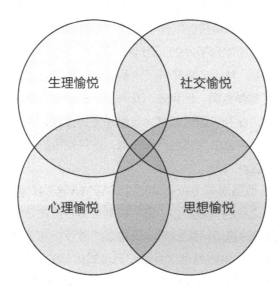

图2.11　愉悦的四种类型

最后，Battarbee（2004）从四个方面对共同体验的特质进行了进一步诠释（社交性、多模态、创造性和娱乐性）：①共同体验是社交性的，依赖于交流。②共同体验是多模态的。例如，交流技术可以促使面对面的互动更加高效。③共同体验具有创造性。至于这一点，作者表示，共同体验中的创造力不是关于创造产品或艺术，而是关于参与者如何为他人赋予意义，如何使用工具创造体验。④共同体验是为了乐趣。共同体验的动力是获得乐趣，同时也意味着加强社交联系。Battarbee详细界定了共同体验，让我们理解了共同体验不仅关乎创新，更强调如何让他人获得乐趣并加强社交联系。此外，Battarbee 进一步强调交互式技术有助于更好地创造和分享体验："交互式技术系统在支持共同体验方面起着重要作用，提供了媒体通信渠道和创建、编辑、共享和查看内容的可能性。"

共同体验揭示了一个人的经历以及这些经历如何受到其他人的实体或虚拟存在的影响。共同体验侧重于社交互动，换句话说就是，两人或更多人通过共同参与内容、技术和事件的互动，共同体验生活的片段。

2.3.3　博物馆技术所赋予的体验

如今，诸多博物馆面临的挑战之一是如何获得广泛的关注以提升"人气"。针对这一问题，品牌推广应包括一些可能的休闲体验品质（Espiritu, 2018）。正如前面提到的，年轻访客的参与决定了博物馆的未来受众，因此博物馆应该学会与访客互动，特别是对古代艺术不太热衷的年轻一代访客（Hürst et al., 2016; Izzo, 2017）。如今是一个热衷于科技的时代，因此，当前语境下博物馆面临的挑战之一是找到数字领域与博物馆物理空间的交汇点。前文已探讨过，实体博物馆和虚拟博物馆之间存在互补关系，线上内容影响了人们对实体博物馆参观的兴趣，设计精良的线上博物馆促进了实体参观。近年来，新兴技术的迅猛发展与广泛应用，为人们参观博物馆提供了极大便利。通过数字化展示和在线资源，人们可以在不受时空限制的情况下，深入了解丰富的文化遗产和知识。这种便捷的方式为博物馆的参观者提供了更加丰富的体验。

值得一提的是，增强现实（AR）与虚拟现实（VR）技术通常展示了数字空间在物理和数字世界之间的有趣部分，它们被列为许多博物馆中"值得密切关注的技术取向"。随着目前的趋势持续发展，博物馆的游客们将会更加熟悉 AR 和 VR 技术，并追求那些能够提供更高层次互动和沉浸式体验的经历（French, 2016）。VR 应用通过创建交互式环境使用户沉浸其中，而 AR 应用则使数字内容叠加在现实环境中，实现真实和虚拟的结合。新设备和先进技术的普及有助于新用户以简单、互动的方式享受他们的参观体验。美术馆和博物馆也不断努力跟上正在到来的技术变革，寻找新的、有趣的方式，通过数字对象和文本信息来丰富真实物理环境中的博物馆展品。AR 的有趣应用之一是荷兰南部斯海尔托亨博斯的被盗艺术品博物馆 (Museum of Stolen Art, MOSA)。该博物馆中的展品属于人类文明中最珍贵的被盗艺术品，其建设目的是让人们欣赏被盗的艺术品，并了解展出文物被盗的背景。用户通过智能手机或平板电脑扫描画框内的二维码，便可看到被盗艺术品的原貌，这些作品或是被盗，或是在战争中被毁，或是因自然灾害而丢失的杰作（图2.12）。这些作品被挂在空旷的白色墙壁上，周围环绕着华丽的画框来强调失落感，只有当参观者通过智能手机或平板电脑观看它们时，这些画布才会变得栩栩如生。可以说，重建传统的博物馆是一个为这些被盗作品恢复"尊严"的机会，因为这些作品通常只能以缩略图形式存在于网站上。

图2.12　参观者正在欣赏被盗艺术品博物馆中展品

在上面的被盗艺术品博物馆的案例中，公众还可以通过下载定制的 APP 在虚拟现实中通过谷歌 VR 眼镜进行体验。通过该 APP，公众可以使用智能手机或平板电脑在墙上看到真实大小的艺术品，从而帮助合适的艺术品进行购买。操作方法非常简单：①将标记粘贴在想装饰的墙面上；②在屏幕中选择一幅要展示在墙上的艺术品；③艺术品以实际大小在墙面上显示（图 2.13）。通过这种方式，使用者可以看到艺术品是否适合家里的空间，以及与周围的软装是否相匹配。

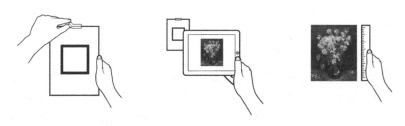

图2.13　借助APP选择艺术品的操作

新媒体代表着以数字形式呈现的文化，数字技术在其中创造了沉浸式的体验。例如，在克莱斯勒艺术博物馆（Chrysler Museum of Art），游客可以使用平板电脑扫描一幅画作，触发画中音乐家演奏乐器的场景。这种艺术与多媒体技术的结合，在博物馆内创造了独特的体验。又如，在安阿伯手工制品博物馆（Ann Arbor Hands-On Museum）的"莱昂斯乡村杂货铺"（Lyons Country Store）展览中，应用了全息投影技术"Pepper's Ghost"（佩珀尔幻象）于旧时商店，为观众提供了沉浸式体验。在这个过程中，任何想要参与的观众都会成为全息图像，与货架上的物品互动。此外，安阿伯手工制品博物馆应用程序的推出也丰富了博物馆体验。

为了实现娱乐和教育的目标，提供文化访问途径的应用程序已成为在虚拟博物馆中发挥重要作用的策略。例如，希腊阿塔洛斯柱廊(Stoa of Attalos) 虚拟博物馆应用了 Unity 3D 个人版游戏引擎技术以增强用户体验。除了展出的文物外，这个特殊的虚拟博物馆还展示了葡萄酒生产的细节以及曾经在东地中海盆地的贸易路线。为了方便无法亲自参观卢浮宫博物馆的游客，官方提供了专属应用程序，使公众可以使用自己的移动设备探索博物馆。人们还可以访问卢浮宫博物馆的官方网站，并通过下载指定的媒体播放器在线完成 3D 虚拟游览。

近年来，随着手机和平板电脑等移动设备的广泛使用，博物馆开始聚焦网络应用程序和本地应用程序等软件开发。例如，美国德·扬博物馆（De Young Museum）开发的导游应用程序可以在游客靠近展品时自动播放音频介绍。此外，该博物馆还使用 3D 交互地图帮助观众导航。美国自然历史博物馆（American Museum of Natural History）的应用程序允许游客选择他们的偏好，菲尔德自然史博物馆（Field Museum of Natural History）也可以使用其应用程序创建个性化游览。墨尔本维多利亚国家美术馆（National Gallery of Victoria）的应用程序可以按颜色浏览并在应用程序中创建游戏，而卢浮宫博物馆（Louvre Museum）的精华展线则使用叙述和照片引导观众。此外，由谷歌文化研究所创建的谷歌艺术与文化在线平台旨在使全球的艺术和文化遗产更容易访问和探索。这个平台包括数百个博物馆、艺术机构和文化组织的数字化收藏，用户可以浏览艺术品、文物、历史遗迹等。它还提供了一些特殊的在线展览和工具，使用户能够深入了解各种艺术和文化主题。这个平台的目标是将世界各地的文化和艺术带给更多受众，以促进文化交流和教育。最近几年，允许游客修改、加工或扩展历史艺术品，个人移动设备无疑是一种创新的参观博物馆方式。Hürst 等（2016）举了一个例子，通过移动设备可以自动分析墙上的绘画，然后绘画的内容会超出其画框并覆盖周围的墙壁（图2.14）。博物馆技术的发展让有趣的展品和故事不再局限于博物馆内，也能够引发那些不在博物馆的游客的兴趣。然而，这并不意味着虚拟博物馆的出现将永远取代传统的"砖头水泥"博物馆，相反，技术可以帮助这些机构向公众传递艺术和文化。

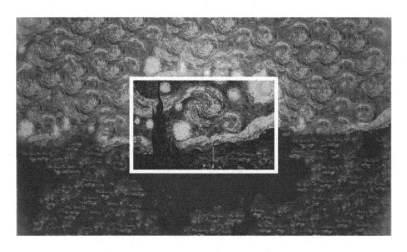

图2.14 原始图像会自动扩展到画框边界之外并覆盖周围的墙壁

2.3.4 用户体验调查方法

假设可以对用户体验进行探究，那么它将成为设计的一个参考点。然而，如何获取他人的体验是关键问题。根据 Sanders（2002）列举的一些方法，可以获取用户的记忆、当前体验以及他们理想中的体验：

我们可以倾听人们的言辞。

我们可以解读人们的表达，并推断他们的想法。

我们可以观察人们的行为。

我们可以观察人们使用的东西。

我们可以揭示人们所了解的事情。

我们可以努力理解人们的感受。

我们可以欣赏人们的梦想。

图 2.15 中呈现了"显性知识层面""观察到的层面"和"隐性知识层面"这三个层次，共同构成了研究中向用户获取体验数据的途径。这些方法可以分为三个类别：① say（说），通过语言的方式交换信息，倾听用户的声音，从而获取他们希望他人听到的反馈，但它只能给我们用户想让我们听到的东西；② do（做），通过观察用户做什么来理解用户行为；③ make（创造），让用户亲手制作一些东西，以发现他们的期望和需求，这种信息被称为"隐性知识"，几乎无法用言语表达(Sanders, 2002)。

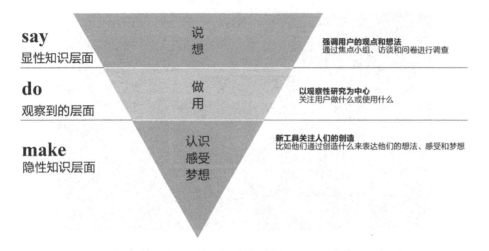

图2.15　获取用户反馈的三种方法

　　在参与性体验概念的指导下，Sanders（2002）总结了基于体验的研究其不同方法的演变。对于上面的"说 – 做 – 创造"模型，Sanders 解释了传统研究方法一直强调用户的观点和想法（say，通过焦点小组、访谈和问卷进行调查）或侧重于观察性研究（do, 观察性研究方法关注用户的行为或使用过程）。但仅仅了解人们说什么、想什么、做什么和怎么使用还不够，我们需要发现用户的潜在需求。值得注意的是，Sanders 认为每个人都可以在设计过程中提供一些东西，他们可以表达自己的感情，因此，新的工具关注于人们制作的东西，例如他们通过工具包创建的内容来表达他们的想法、感情和梦想（make），正如他进一步所指出的：

　　当制作工具包在设计开发过程的创造性阶段中被使用时，用户会创造出各种物品。我们已经发现，不同类型的制作工具包可以促进各种各样的物品和模型的表达。

　　正如前面提到的，用户体验必须以用户为中心，这意味着研究数据必须来自用户，而不是设计师的主观假设。至于以用户为中心的数据收集，Abras 等（2004）已证明了可用性测试需要典型的用户、标准任务以及典型的环境或背景，在过程中引入了视频记录、访谈和用户满意度问卷等工具。产品发布后，访谈、焦点小组和数据日志记录是获取用户满意度评估的最常见方法。此外，为了评估用户的愉悦度，美国社会心理学家伦西斯·李克特（Rensis Likert）于 1932 年首次提出一种心理测量工具——李克特量表，用于收集用户的想法。这是一种常用于测量、调查参与者观点、态度或意见的评价工具，通常包括多个陈述性问题，被调查者需要选择一个与其观点最匹配的答案，通常是从"非常同意"到"非常不同意"或类似的一系列表述。另一种量表是奥斯古德（Osgood）建立的语义差异量表，它也是一种心理测量工具，用于评估个体对特定概念或对象的感知和态度。这个量表通过要求被调查者在两个相对的极端之间选择适当的选项来衡量个体对于某一主题的感觉和看法。通常，这些极端是对立的形容词，例如"好－坏""高－低""正面－负面""愉快－不愉快"等。通过分析被调查者的选择，研究人员可以了解他们对特定概念的情感和态度。语义差异量表通常用于语义研究、社会学和心理学领域，有助于研究人员更深入地了解人们对不同事物的主观感受，从而更好地理解他们的需求和偏好。实际上，在一般语境中，这些量表通常没有本质区别，它们都指的是同一种测量工具。然而，有时人们可能会在特定上下文中稍微有所区分，但这种区分通常不是严格的，只是基于使用者的个人偏好或风格（图2.16）。

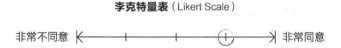

李克特量表（Likert Scale）

非常不同意 ←———|———|———⊕———→ 非常同意

语义差异量表（Semantic Differential Scale）

消极 ←———|———⊕———|———→ 积极

图2.16　李克特量表（上）和语义差异量表（下）的示意图

虽然李克特量表和语义差异量表在表达上有一些区别，但它们也有一些相似之处，包括以下几点。

① 使用等级制度：李克特量表和语义差异量表都使用等级制度来衡量被调查者的态度或感知。被调查者需要在不同的陈述或概念之间选择不同程度的反应或态度。

② 定量数据收集：两种量表都旨在收集定量数据，这使得研究人员能够对态度或感知进行量化分析。这些量表的结果可以用于统计分析和比较。

③ 用于社会科学研究：李克特量表和语义差异量表都在社会科学领域中得到广泛应用。它们可以用于心理学、社会学、市场研究等多个领域。

④ 反映感知和评价：两种量表都用于测量人们对特定概念、陈述或问题的感知和评价。它们可以帮助研究人员了解被调查者对某一主题的看法。

两种量表的主要区别在于用途和设计。李克特量表更侧重于测量特定问题或主题的态度，而语义差异量表更侧重于评估对立概念的感知。因此，研究人员在选择使用哪种量表时需要考虑其研究目的和需要。

如今，"每个人都可以为设计作出贡献"这一理念引领了参与性设计方法的兴起。这种方法强调，设计过程不应仅仅由专业设计师主导，而应该让更广泛的参与者参与其中。这个思想的出现是一种创新的思维转变，与以往的以用户为中心的设计（UCD）有所不同。将参与性设计与 UCD 进行比较，UCD 主要是由设计师主导的多阶段过程，用于寻找用户的需求，而参与性设计是设计师倡导的协作项目，使用参与性工具直接收集用户的想法或让他们直接参与到项目中来。UCD 方法将用户视为主体，着重于满足他们的需求和期望，通常通过观察和调查用户来获取反馈，然后设计师根据这些反馈进行设计。而参与式设计将用户视为合作伙伴，鼓励与用户直接互动，以使他们在设计中发挥正面作用，强调他们在设计过程中的直接参与和共同塑造产品或体验。这两种方法在处理用户角色时存在差异，反映了设计方法的多样性和演变。

典型的案例如博卡拉顿艺术博物馆（Boca Raton Museum of Art）和克莱斯勒美术馆（Chrysler Museum of Art），类似的大多数博物馆都提供便条纸，供观众回答有关博物馆的问题并分享他们的想法，然后将便条粘贴在墙上。博物馆工作人员会回复观众的评论并将他们的想法应用于改进博物馆的体验（Decker，2017）。此外，Weilenmann、Hillman 与 Jungselius（2013）讨论了 Instagram（照片墙）应用的持续创作，用于分享博物馆经历，其他用户可以通过评论提供反馈，从而将博物馆的范围扩展到了实体博物馆之外。社交媒体为实体博物馆增加了额外的层次，促进了观众的参与。这些迹象表明，信息和反馈正在逐渐收集自公众，博物馆正在从单向互动发展为双向互动。

近年来，在谈论博物馆的体验探索方法时，对服务设计的关注开始增多。回顾前面探讨的对于服务设计方法的理解，我们总结出好的服务设计提供的是良好的用户体验。服务设计注重在服务过程的各个阶段中关注个体在其特定环境中的体验。这一概念与博物馆管理者期待加强博物馆参观者体验的理念需求不谋而合。博物馆中的服务设计强调在博物馆参观的不同阶段，应以参观者的需求和期望为中心。因此，采用整体的服务设计方法，特别是强调参与性设计方法，对于理解并满足博物馆参观者多样化的需求至关重要。这一方法不仅强调参观者的正面参与，还注重参观者在博物馆环境中的感知和情感体验，有助于创造更丰富、深刻的参观体验。

2.4 服务设计（SD）

当谈到以体验为中心的服务设计（service design，SD）时，客户从产品或服务中获得的通常不仅仅是价格，因为产品或服务的提供伴随着用户体验。体验是以服务为导向的机构所提供的核心内容（Zomerdijk et al., 2010）。根据 Pine 与 Gilmore（1998）的观点，体验不仅与其他服务一样真实，而且是一种独特的产品。他们指出，在经历了从工业到服务经济，以及从销售服务到销售体验的两次转变后，全球经济已进入了一个体验经济的新时代。机构无法控制用户的体验，但可以创造获得他们想要的体验的先决条件，包括用户体验的环境及服务活动。

体验是服务设计的出发点，用户体验研究正在从以产品和用户为中心的设计转向更全面的服务设计（Roto et al., 2018）。这意味着，像其他产品一样，服务也需要设计。在 20 世纪 90 年代，传统的服务行业不断发展，设计仍然侧重于有形的生产。服务设计的主要任务是让"设计可以并且应该应用于服务"的理念被社会接受（Sangiorgi, 2009）。Sangiorgi 进一步指出："直到交互范式被引入后，服务设计才开始建立自己在这一领域的身份和合法性。"2005 年，国际工业设计协会（International Council of Societies of Industrial Design, ICSID）将服务纳入设计的定义中。2006 年，由卡内基梅隆大学设计学院举办的第一个服务设计会议（第一届北欧服务设计与服务创新大会）使服务设计开始被业界关注。

本节包括三个部分：对于服务设计的理解，博物馆语境中的服务设计，以及以整体理念为导向的服务设计方法。

2.4.1 对于服务设计的理解

服务设计的定义和用途目前并未达成共识。这一领域的概念和范围随着时间的推移也在不断演变和发展。一些学者可能强调服务设计是关于如何提供并改进服务体验的方法，而其他人可能将其视为一种综合性的方法，涵盖了多个与服务交互相关的因素。通过进行为期四天的项目，Sandoval 与 Sortland（2013）撰写了一篇题为"Building a Service Design Explanation"的文章。他们的参考资料不仅包括英国设计委员会、哥本哈根互动设计学院等机构和学者提供的定义，还包括了与奥斯陆建筑与设计学院的服务设计师（例如 Ted Matthews、Mauricy Alves Da Motta、Liz LeBlancy 等）的访谈。该项目的成果之一是他们对服务设计的理解：

服务设计是关于服务如何在一段时间内向其客户提供体验的设计。它涉及协调客户与服务互动的所有时刻（触点），以整体的方式为他们构建有价值且令人愉悦的体验，以服务设计应用方法、工具和技能来改善现有服务或创建新服务，将服务设计的方法、过程和结果以视觉方式传达和展示出来。

对于上述解释中的触点一词，根据 Touloum 等（2017）的理解，交互可以通过各种联系发生，被称为触点，也叫接触点。触点既包括了实体（物理）方面的触点，如室内外环境、服务设施、员工的服装和行为、产品包装，同时也包括了无形方面的触点，如互动体验以及视觉、听觉、嗅觉、味觉、触觉等。而茶山（2015）的文章中将服务触点分为了三类：物理触点、数字触点和人际触点。物理触点指的是服务提供者和服务接受者之间有形的、物理的接触点。数字触点指的是用户在使用智能手机、APP、网络或是其他数字设备过程中，在数字系统中的接触点。人际触点更多强调人与人之间的接触点，比如用户与不同利益相关者之间的接触点，简单来说就是人与人之间的直接和间接关系触点。这些多样的接触点，从时间、形式和体验等多个不同维度交汇形成综合性的接触点，这些综合性接触点具备互相转化的潜力。在现代服务设计的语境中，这些接触点共同构成了服务生态系统的核心组成部分（图 2.17）。综上所述，通俗地讲，服务接受者与服务提供者所提供的服务之间进行互动的地方就是触点。

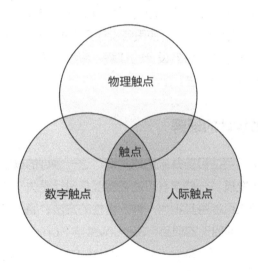

图2.17　服务设计中的三类触点：物理触点、数字触点和人际触点

追溯接触点之起源，根据 Roto 等（2018）的观点，用户体验设计源于人机交互，它侧重于个体需求，将在特定环境中与产品或服务进行交互的环节作为特定的接触点；而服务设计起源于市场营销和运营，它采取系统化方法，涵盖一系列的多个连续性触点。其他作者也结合触点的概念诠释了他们对服务设计的理解。Touloum、Idoughi 与 Seffah（2018）在文章中表明，服务设计是"随时间发生并跨越不同触点的体验的设计"。Sandoval 与 Sortland 与该观点一致，他们认为，

服务设计是服务如何随时间向用户或客户提供体验的设计。可以看出，上述定义都强调了时间变化，而不是单一触点的设计。总之，用户体验设计和服务设计发展于不同领域，各有侧重。用户体验设计源自人机交互，关注个体需求，强调特定接触点。而服务设计起源于市场和运营，注重多个连续接触点，强调随时间的演进。这两者在定义和实践上存在差异，关注点和方法各有不同。

以博物馆参观为例，服务设计就像策划一次博物馆参观之旅。在一次精心策划的博物馆参观之旅中，你考虑了如何到达博物馆、门票预订、导览服务、展品布局、讲解员的友好程度等，这就是服务设计，它关注整个旅程的规划和优化，以确保用户在参观期间获得良好的体验。因此，服务设计的目标是通过规划和协调所有与用户相关的服务元素，创造出整体愉悦和无缝连接的用户体验。而用户体验是用户在实际博物馆参观中的每个瞬间的感受，包括用户与展品的互动、信息的吸收、展示的质量、是否能轻松找到所需信息等，它更多关注的是用户在展馆内的互动、感觉和情感。

尽管服务设计与用户体验的关注点和方法学仍然有所不同，但这两种设计实践之间的障碍在不断减少，因此在这两种设计实践之间划定界限是没有任何意义的，因为两者都从根本上以用户为中心。在某种程度上，将服务视为一系列互动的方式有助于结合服务设计和用户体验两种理念与方法。当涉及两种不同实践之间的重叠证据时，Melnikova 与 Mitchell（2018）进一步指出，就用户体验而言，今天的体验设计师通常负责跨越多种数字触点而不仅仅是利用单一的触点进行设计。此外，诸多文献表明，除了数字触点，越来越多的关注点开始集中在提供物理服务体验上。总的来说，用户体验设计通过全面理解客户旅程，越来越多地涉及数字和物理服务，与服务设计逐渐地无限接近，这足以表明两种设计方法之间的空间和时间交汇。

2.4.2 博物馆语境中的服务设计

绝大多数情况下，博物馆的游客并不是为了购买博物馆内的实物产品，而是为了享受参观的体验。这就好比你去了一家主题公园，你不是为了买那里的玩具，而是为了度过一段愉快的时光。因此，在这种情况下，服务设计与游客体验的设计是息息相关的。服务设计的目标是确保游客在博物馆内的每一个环节中都能获得愉快和有价值的体验，从游客抵达博物馆前开始，一直到游客离开博物馆后（Falk et al.，2013）。博物馆和游客之间的每一个接触点，不论是实际的物理接触还是数字接触，都是非常重要的互动环节。因此，通过服务设计，我们可以更好地组织和优化博物馆的各种服务元素，从而提升游客的博物馆体验。

在 French（2016）进行的研究中，他引用了一个博物馆服务设计项目的案例。在英格兰盖茨黑德的波罗的海当代艺术中心进行了一项服务设计项目，旨在吸引更多当地社区的游客并增加回头客的数量。该艺术中心非常注重游客的服务体验，努力了解和改进游客在整个参观过程中的每个接触点。在专业的服务设计机构的指导下，博物馆工作人员被提供了相机和一本相册，并被要求拍摄博物馆工作人员与游客之间的互动情况并收集起来。然后，他们检查每张照片，找出了游客体验中的各种"机会"和"需求"。在服务设计审查的下一步中，通过引入服务设计方法之一的服务探险方法 (Service Safari)，让博物馆员工来扮演参观者的角色。一般来说，服务探险作为常用的服务设计工具，可以让博物馆员工像游客一样访问博物馆，以发现潜在的问题或改进机会。例如，一名员工可能会扮演游客，试图找到博物馆中的特定展品，与其他员工互动，使用导览设备或应用程序，以评估在访问过程中可能出现的问题或改进点。这种方法有助于博物馆更好地理解游客的需求和体验，以提供更高质量的服务。

Begnum 与 Bue (2021) 的研究中将能力损失模拟纳入了服务探险方法中。该方法在服务设计课程中进行了测试，学生与挪威国家级博物馆合作，致力于为年轻观众创造新的博物馆体验。每个学生小组选择了一个特殊用户，并按照这个用户群体的生活方式来体验服务：聋 / 听力丧失、截瘫 / 轮椅用户、行走障碍 / 拐杖使用者、疲劳 / 慢性疲劳综合征。例如，在模拟截瘫症状的群体时，他们在整个共情服务探险过程中使用了借来的轮椅，以模拟肢体损伤等原因引起的残疾（图 2.18）。展开来说，服务两家不同的博物馆分别采用了两种不同的服务探险方式进行了测试，美国国家建筑博物馆进行了一种较为开放和探索性的共情服务探险（结构化游览的概念较弱）；而阿斯特鲁普·费恩利现代艺术博物馆则采用了更传统的探险方式（按照特定的博物馆导览，指定好从博物馆入口到出口的结构化用户服务体验流程）。

图2.18　进行服务探险的学生小组的照片

Service Safari 是一个强大的研究工具，设计师可以通过以用户视角身临其境地体验服务来获得深刻的体验和灵感。这种身临其境的体验使设计师能够详细审查他们与服务互动的方方面面，观察与他人共享相同空间或环境的其他人的行为，并吸取其他用户的意见和看法。

从以上阐述可以看出，在服务探险工具的使用中，研究人员（设计师）或小组成员在假装自己是用户的同时，可以详细了解服务与互动的所有方面，观察在同一空间/环境中其他人的表现，并最终收集到其他用户的意见和看法。在博物馆服务设计研究中，有许多工具和方法可供使用。常用工具和方法包括用户旅程地图、用户画像、服务蓝图、情境分析、影子计划（影子跟踪）、体验卡片、博物馆员工参与以及协作工作坊等，这些工具有助于博物馆更好地了解游客需求、改进服务，以提供更愉快和有价值的参观体验。根据具体情境和目标，可选择适当的工具来支持服务设计研究。

综上所述，博物馆的成功在于游客体验，而服务设计是提升体验的关键。通过案例分析，如波罗的海当代艺术中心的服务设计项目，采用了服务探险法和Service Safari 这一研究工具，以更好地理解游客需求，改进服务，创造愉快而有价值的参观体验。因此，必须承认，当前博物馆以展品为中心的理念在逐步改变，或者说博物馆正经历着从以收藏为中心的观念转变为以为访客提供服务为中心的理念。在《装饰》期刊"第一线"专栏中，清华大学美术学院陈楠教授提到，人们去博物馆的目的不一定是参观展览，而是将其作为周末的一种生活方式。陈楠进一步指出，这些曾经高度专业化的公共场所，如博物馆和机场，将越来越多地转变为与访客生活方式密切相关的服务综合体。毫无疑问，服务设计具有巨大潜力，可以通过重新整合博物馆的各种服务元素来增强博物馆的参观体验。这一过程包括改进访客接触点、提供更个性化的服务等。

2.4.3 整体理念下的服务设计方法

实际应用中，我们将把这些工具从用户体验领域整合到服务设计的过程中。这一整合的目标是与之前提到的博物馆的整体体验流程和品牌个性相一致的，以确保服务设计能够更好地满足博物馆的综合需求和特殊的品牌个性。这意味着我们将以博物馆的整体体验为中心，将用户体验工具与服务设计过程融为一体，以创造更具吸引力和一致性的博物馆体验。基于此，本节介绍了两种服务设计策略："参观前—参观中—参观后"模型和用户画像技术。

2.4.3.1 基于服务过程的"参观前—参观中—参观后"模型

在先前的文献中提及了许多服务设计方法，包括旅程地图、服务蓝图、编写用户故事、在线民族志、日记研究、情境卡、创建角色画像、服务探险、影子计划以及各种形式的访谈等工具。然而，这些具体的工具需要被整合到整体的服务旅程中。在本研究中，我们采用与博物馆游客旅程相一致的基于博物馆服务旅程的"参观前—参观中—参观后"模型。

在客户服务设计理论中，已有一些文献描述了服务的三个阶段。例如，秦臻（2014）在文章中提出服务接触点可以分为三个阶段，即"服务前""服务中"和"服务后"，可以由幕后和幕前的组合来指导这一过程。作者进一步阐述了这三个阶段：①服务前，指顾客获得服务之前的接触，如广告、网站、促销，主要用于营销；②服务中，指服务过程中的每个接触点，如机场提供的服务（登记手续、安检手续、购物、休息、互联网、餐饮、吸烟区、儿童游乐区）；③服务后，指顾客离开服务后的接触，如维护和管理、售后服务、客户忠诚度管理（图2.19）。

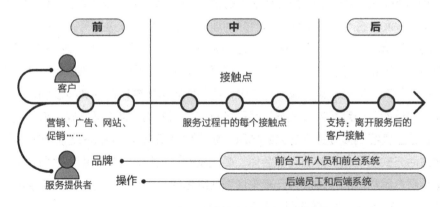

图2.19　服务设计接触点的三个阶段划分

相应地，Falk 与 Dierking（2013）、French（2016）以及刘军、刘倅玲（2017）在其研究中也指出，博物馆的用户体验也分为三个服务阶段："参观前""参观中"和"参观后"（图2.20）。此外，Falk 与 Dierking（2013）、French（2016）还提出，博物馆的体验始于参观之前，持续至游客离开博物馆后。换句话说，除了实体博物馆中用户的"参观中"阶段外，在"参观前"和"参观后"两个阶段，游客在博物馆之外的体验也是博物馆整体体验的一部分。刘军、刘倅玲（2017）举例阐述了传统的"参观前"阶段主要涉及交通信息和门票服务；"参观中"阶段主要基于深度参观和知识服务，包括观看、听取和触摸；"参观后"阶段主要用于分享交流、购买纪念品和娱乐服务。

博物馆服务设计模型: 参观前—参观中—参观后

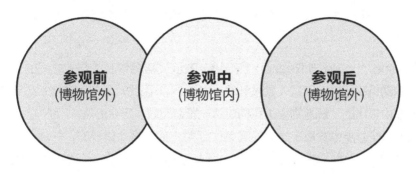

图2.20　博物馆服务设计模型: 体验的三个阶段

　　根据上述理解, 游客的体验始于博物馆之外, 然后贯穿于博物馆内的整个参观过程, 最后再次延伸至博物馆之外。为了满足博物馆用户的期望, 可采用基于服务过程的"服务前—服务中—服务后"模型来审视博物馆参观体验, 以提供无缝且全面的体验。

2.4.3.2　服务设计中的用户画像技术

　　用户画像技术在服务设计中的整体性表现在它能够全面理解和考虑不同用户群体的需求、行为模式、体验和多样性。

　　从对体验的讨论中可知, 体验的目标基于一种假设, 即体验与用户的具体需求或兴趣密切相关, 由此, 用户画像技术出现并成为用户体验研究项目中不可或缺的工具, 目前有大量文献提出, 可在用户体验和服务设计调查中使用用户画像建模技术来描绘目标用户。

　　用户画像通常指的是一个虚构的角色, 代表着一个具有共同兴趣、行为模式或人口统计和地理相似性的假设用户群体 (Stickdorn et al., 2018; Law et al., 2018)。对于用户画像的进一步理解, Nielsen 与 Hansen 在采访一家公司时得到了一个关键性的回应: "一个角色是一个用户群体的代表, 它不是用户群体的平均值。"这里, 给出一个更通俗的解释:

　　想象一群人, 每个人都有不同的需求和喜好。现在, 假设你要设计一款手机应用。如果你只看这群人的平均喜好, 你可能会创造一个中庸无趣的应用, 适合大多数人, 但没有人特别喜欢。相反, 你可以选择一名 (或多名) 代表用户群体的人，这个代表可能有一些典型的特点或需求，比如年龄、兴趣爱好等。然后，你可以专注于满足这个（些）代表的需求，使他们特别喜欢你的应用。这样，你的应用可能不适合每个人，但至少有一部分用户会觉得它非常棒。所以，这个（些）代表就是用户画像，能帮助你更好地理解和满足用户需求，而不是仅仅考虑平均情况。

Polaine、Lovlie 与 Reason（2013）表示："服务涉及人与人之间的互动，以及他们的动机和行为。了解人是服务设计的核心。"因此，用户画像技术有望解决在先前文献中提出的了解博物馆访客构成这一紧迫问题。巧合的是，Falk 与 Dierking（2013）早些时候也发表了类似的观点："了解你的访客是重要的，并制订一个满足他们需求和兴趣的解释性计划。"综上，所有这些都提供了关于在博物馆体验调查中使用角色技术的线索。

纵观服务设计的发展历程，它起源于市场营销和运营。因此，并非所有服务设计中的角色技术都适用于博物馆体验研究语境。本书通过广泛的调查，发现大多数研究中为服务设计项目创建消费者用户画像是基于市场细分理论的。具体来说，每个市场细分都是一个消费者群体，每个消费者群体由具有相似消费偏好的一组消费者组成（Cleveland et al.，2011；Wedel et al.，2012）。为了满足不同市场细分的特定需求，市场细分相关研究中出现了四种常见的划分基础（Goyat，2011）：地理细分（例如按地理区域、人口密度或气候细分）；人口统计细分（例如按年龄、性别、职业和家庭类型细分）；心理学细分（例如按生活方式、动机、个性和态度细分）；行为细分（例如按购买的时间和频率细分）（图 2.21）。

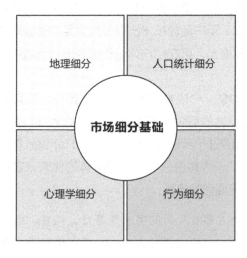

图2.21 四种常见的市场细分基础

然而，Stickdorn 等（2018）认为，虽然年龄、性别、国籍和职业等因素是构建用户画像的一个简单起点，但仅依赖人口统计信息或地理相似性等标准来生成服务设计研究中的用户画像很可能产生误导。由于用户体验涉及情感，因此理解用户的心理因素，如人格特质和访问动机，似乎更有助于识别用户画像。在服务设计研究中，理解品牌个性的重要性显而易见，因为它可以深刻影响机构在目标受众中的知名度和记忆。在服务设计中，创建的用户角色不仅包括人口统计数据，还包括品牌个性等心理因素，可以为更有效的设计策略和客户参与策略铺平道路。

结合品牌个性，人格心理学领域已经对上述议题进行了大量研究。品牌个性涉及与品牌相关的人的特征，这实际上是以一种对产品或服务希望吸引的人们有意义的方式来赋予品牌个性化。简而言之，就是通过一种有意义的方式来使品牌与目标顾客更亲近。这可以理解为品牌持有者希望人们会用一些形容词来描述他们的品牌，或者与特定人群的特点相关。从作者的角度看，拥有一个独特的品牌特质意味着一个公司不再默默无闻，也不再像其他公司那样提供相同的服务。相反，这个公司会变得出名，容易让人记住。

Stone（2020）在广泛的文献基础上总结了三种定义品牌个性的模型。第一个是 Aaker（阿克尔）的品牌个性维度框架。在 Aaker 的研究中，通过确定数量和特征，作者开发了一个包括五个广泛类别的品牌个性模型。具体来说，这五种个性特质包括纯真、激情、信赖、教养和坚固（图 2.22）。此外，Aaker 开发的品牌维度量表也是一种更系统和有影响力的品牌个性测量工具。

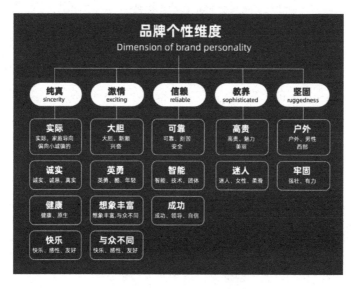

图2.22　Aaker的品牌个性维度

另一种个性化品牌的策略是源自卡尔·荣格（Carl Jung）理论的品牌原型（也称荣格原型理论），该理论认为个体倾向于使用象征来理解概念。在这一模型中，定义了12个原型来代表不同的特征、愿望、价值观和态度聚合。此处通过清晰的图表和详细的文本详细阐述了这12个原型（图2.23）。这12种基本原型代表不同的人格特质、价值观和特点，具体如下。

图2.23 荣格原型理论

英雄（hero）：代表勇气、使命感和胜利。

情人（lover）：关注爱、关系和吸引力。

照顾者（caregiver）：强调关怀、关爱和支持。

探险家（explorer）：追求自由、冒险和探索。

天真者（innocent）：没有危险、无邪、单纯。

智者/先知（sage）：强调智慧、知识和洞察。

魔法师（magician）：关注变革、奇迹和魔法。

凡夫俗子（everyman）：代表平实、平凡和真实。

亡命之徒（outlaw）：追求自由、反叛和变革。

小丑（jester）：强调欢乐、幽默和娱乐。

创造者（creator）：代表创造力、想象力和创新。

统治者（ruler）：关注掌权、领导力和秩序。

荣格理论中的 12 个人格原型可以进一步分为 4 大类，分别是稳定型（stability）、天堂型（paradise）、归属型（belonging）和影响型（impact），每类中包含 3 个原型。以创造者（creator）为例，其属于稳定型类别，通过创造来建立稳定性和秩序。创造者的品牌目标是创新，希望他们的客户相信一切皆有可能。这些品牌的特点包括富有想象力、创新精神和创造力、艺术性、企业家精神，不墨守成规，具有远见，不拘一格等。著名的例子包括 Adobe 软件和乐高（LEGO）。

综上，品牌原型框架是一种有助于理解品牌个性和目标的方法，它基于心理学原理，帮助品牌明确其愿景和与受众的互动方式。不同的原型代表不同的品牌价值和特点，这有助于塑造品牌形象，以吸引特定类型的客户。这一方法的成功案例包括了众多知名品牌。

此外，一些研究人员将 Aaker 和荣格的模型进行了结合。关于个性维度和原型模型的结合，Stone（2020）指出：

> 所选择的个性特征和维度是主观的，这意味着如果你想使用原型并将其与一些品牌标志性特征结合，你可以创建自己的框架来遵循。在选择适合你的原型特质时，只需凭直觉进行选择。

以上是关于人格心理学中的人格概念化的研究，一些模型被提出来定义品牌个性，它们没有好坏之分，选择适合研究的模型是研究人员的追求。尽管 Aaker 的品牌个性维度和荣格的原型在许多研究中得到了广泛使用，但在国际环境中仍然存在一些限制。以 Aaker 的品牌个性模型为例，与其五个维度相比，Ahmad 与 Thyagaraj（2017）曾为印度品牌个性确定了六个个性维度，其中三个与 Aaker 的模型相符。因此，在研究印度消费者行为时，印度品牌个性测量可能比 Aaker 品牌个性的维度更为合适。换句话说，在国际环境中，品牌的个性应该因文化而异。荣格的原型理论的不足之处在于，他没有以科学和严谨的方式展示原型的历史形成过程。他只是通过类比来推测原型的存在，而从未在社会实践中验证过这些原型的存在。因此，其显得颇为神秘甚至不合理。不仅如此，作为细分变量，这些模型目前在零售业营销和娱乐行业中用于研究客户行为，而在非营利机构中用于用户研究的情况很少见。

总而言之，针对当前的博物馆研究，使用上述模型显然并不是十分合适，这引发了对一个更恰当、更具学术价值的模型的需求，以更精确地确定用户的画像。从前面的章节可以看出，年轻一代的参与决定了博物馆的未来受众。因此，引入或改编一个适合研究年轻博物馆用户的模型是这项研究的关键。Akasaki 等（2016）的研究表明，利用 Bartle（巴图）玩家类型分类法作为一项工具，可用于探索那些能够激发不同人格特质并发现潜在设计问题的服务。这个方法有助于确保服务能够满足各种不同用户的需求，同时也有助于揭示设计中的潜在挑战。因此，将巴图模型应用于这项研究可能是有效的。关于玩家类型，接下来的章节将解释游戏化是增加用户参与度的一种方法，并介绍巴图玩家类型分类法这一模型。

上文的讨论有助于确定用户画像的人格模型。至于如何使用用户画像技术，Nielsen 与 Hansen（2014）在广泛的文献基础上提出，大多数作者一致认为用户画像通常应该在项目开始时创建，其基础是通过调查、用户访谈、观察或这些方法的组合而得出的现场数据。此外，其他作者强调了接触点（或触点）作为一种技术，可用于理解和记录用户画像的体验 (Nielsen et al., 2014; Touloum et al., 2017; Stickdornd et al., 2018)。触点技术的好处在于它可以更深入地探索用户的需求、期望和体验，因为它关注了用户与服务的具体接触点，有助于提供更具体、更个性化的设计。触点技术通常需要收集大量关于用户互动的数据，这可以帮助设计师更好地理解用户的行为和需求，从而更好地满足他们的期望。触点技术会涉及诸多工作，因为它需要研究者详细记录和分析用户在整个用户旅程中的各个接触点上的行为。此外，它还需要更多的数据处理和解释，以确保从中提取有价值的见解。关于接触点的更多理解，请参见 1.8.9 小节。

2.5 游戏化与动机

正如前面所提到的，为了在本研究中确定用户画像，引入或开发适用于年轻博物馆用户的模型至关重要。通过研究年轻一代的心理，玩家在虚拟世界中可以获得比现实生活中更多的成就。根据不同的使用情境，大量的文献表明，通过游戏中的元素和技能，可以增强参与和学习的动机。未来，游戏化将使游戏更像人际互动的方式。更令人难以置信的是，游戏和工作将被等同起来，乐趣和责任也将等同。然而，新的问题是，有时游戏与游戏化之间的边界变得模糊，很难明确区分或关联二者。

通过这部分文献综述表明，传统的奖励型游戏化适用于短期目标。然而，随着时间的推移，奖励的作用应逐渐减弱，应由持续的以用户为中心的有意义参与来取而代之。这表示有两种类型的动机，即外在动机和内在动机。最后，关于内在动机，本节介绍了基于游戏化的 Bartle 玩家动机模型。

这一节包括四个子标题，分别是游戏化、有意义的游戏化、外在动机与内在动机、基于游戏化的玩家动机，对于这些议题本节中都有详细的解释。通过考虑人的动机，研究人员试图通过文献回顾来探索一个适合选择年轻用户画像的模型。

2.5.1　游戏化

以往关于学习相关要素的研究一直聚焦在游戏方面。近年来，越来越多的文献涉及了游戏化。Deterding 等（2011）指出："游戏化一词起源于数字媒体产业。首次使用的记录可追溯到 2008 年。"他继续指出，游戏化这个术语在 2010 年下半年被某些行业和会议广泛采纳。此外，尽管游戏化起源于数字媒体产业，在对游戏化的应用范围进行界定时，Deterding 等人认为游戏化不必局限于数字形式，因为数字和非数字工具之间的界限日益模糊。

就游戏化的定义而言，目前尚无广泛接受的权威定义。不过，以下是一些被学术界接受的定义。Deterding 等人提出了一个简洁的定义："游戏化是指在非游戏情境中使用游戏设计元素。"与这个定义稍有不同的是，Zichermann 与 Cunningham（2011）强调了游戏化的功能，他们表示："游戏思维和游戏机制的过程是为了吸引用户和解决问题。"令人兴奋的是，Hamari 与 Koivisto（2015）在描述游戏化的作用时，提出了内在动机的概念："游戏化是指通过采用设计手段来促进人们对各种活动的内在动机的技术。"至于内在动机，稍后将进行详细解释。

上述定义表明，游戏化通过添加游戏元素的方式来增加用户参与度。与后两个定义相比，Deterding 等人提出的定义有助于区分"游戏化"与"游戏"。其中"非游戏情境"意味着使用游戏元素的目的是帮助用户完成其他任务，而游戏化通过使用游戏框架解决生活中所有非游戏工作问题。下面从游戏、元素、设计和非游戏情境等维度更详细地解释 Deterding 等人提出的游戏化定义（图 2.24）。

在理解了游戏化概念后，需要明晰"游戏（game）"与"玩耍（play）"的区别。Deterding 等人通过一个坐标轴强调了游戏的元素，而不是玩耍的元素，因此将游戏化（gamification）与严肃游戏（serious game）和趣味互动（playful interactive）区分开来（图 2.25）。在这个坐标轴上出现的"玩耍（play）"和"游戏（game）"这两个词，根据 Marczewski（2015）的解释，作者认为"玩耍"是一种自由的形式，没有外部强加的目标，仅仅是出于娱乐和愉悦。Nicholson（2015）进一步证明，"玩耍"是没有明确目标和结构的游戏；相比之下，"游戏"则为"玩耍"添加了明确定义的目标和规则。上述理解帮助我们区分了这两个概念，有助于更好地理解游戏化及其在体验设计中的应用。

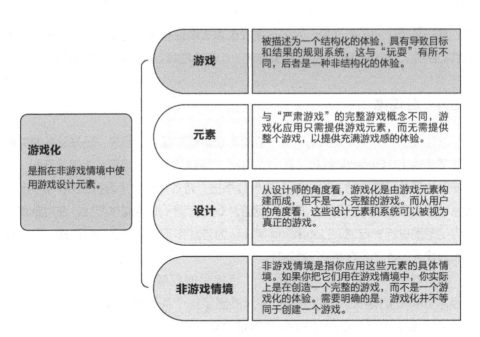

图2.24　详细理解游戏化定义

图2.25　游戏化不同于严肃的游戏或趣味互动

如果只关注上半部分的轴，"严肃游戏"表示完整的严肃游戏，而"游戏化"则是游戏元素的应用。通常，"游戏化"包括积分、级别、徽章、排行榜、成就、反馈、明确的目标、叙事等典型元素。不难看出，对于博物馆而言，游戏化元素有助于提高参观者的参与度，是一种结合教育和娱乐以增强参观体验的解决方案。

2.5.2　有意义的游戏化

以往的文献表明，游戏化基于使用游戏元素，而游戏主要侧重于外在目标（Nicholson，2015；Deterding et al.，2011）。诸多研究显示，依赖奖励机制（积分、级别、徽章等）的游戏化对于短期目标是合适的；但 Nicholson（2015）认为随着时间的推移，奖励的作用应逐渐减少，并被持续的有意义的参与所取而代之。正如 Nicholson 早在 2012 年的文章中指出的："有意义的游戏化鼓励更深入地将游戏机制整合到非游戏环境中。"

虽然奖励可以帮助玩家进入系统，但游戏化通常只利用积分系统。这种外部奖励的使用是不以用户为中心的。徽章和积分等元素可以引导玩家与系统互动，但随着时间的推移，奖励的作用应逐渐减少，并应由持续的有意义的参与所取而代之。因此，Nicholson（2012）提出了有意义的游戏化的概念，以实现长期变革，强调了人们参与活动的内在动机。他进一步指出："从游戏化的背景中删除积分元素鼓励专注于游戏的整合。"这表明有意义的游戏化不依赖于陈词滥调的无意义积分方法，而应帮助用户将游戏化过程与当前语境联系起来。总之，内在动机比外在动机更有激励作用（Deci et al.，2012；Nicholson，2015）。

为了帮助读者理解以用户为中心的有意义的游戏化，Nicholson（2012）提出了以下观点。

有意义的游戏化是将以用户为中心的游戏设计元素整合到非游戏环境中。专注于以用户为中心的设计的含义在于，可以帮助设计师避免无意义甚至有害的游戏化。使用外部奖励来控制行为易导致用户对非游戏环境产生负面情感，因此，外部奖励的使用不是以用户为中心的。相反，以用户为中心的游戏设计元素对用户来说必须是有意义的，并应引发用户心态的正面改变。

以上观点强调了有意义的游戏化与以用户为中心的设计的紧密联系。它指出，有意义的游戏化不仅是将游戏元素引入非游戏情境，还需要确保这些元素与用户的需求和期望相契合，以产生正面的心态变化。外部奖励，尽管可能在短期内产生效果，但在长期内不如内在动机来得有影响力。因此，以用户为中心的设计应该着眼于创建与用户互动并对当前语境具有正面影响的元素。这种方法能够避免用户对非游戏情境产生负面情感，使他们更愿意正面参与。最终，有意义的游戏化追求更深层次的用户参与，以实现长期变革。

此外，为了进一步理解游戏化的内涵，Nicholson（2012）还提供了设计维度的示例：①采用非游戏情境中的故事和引人入胜的活动，而不是积分系统和排行榜，或者这些基于积分的元素可能存在，但它们不是决策的关键因素；②由于在线连接的便利性，由玩家生成的内容是一种越来越受欢迎的游戏设计特征。对于这一游戏特征，Nicholson（2012）进一步指出：

> 这些游戏的共同之处在于游戏设计师不仅创造了游戏，还开发了一个系统，允许其他人创建和修改这些游戏。允许玩家创建的内容延长了游戏的生命周期，这也使设计师认识到，他们在使用提供的工具包时可以变得更有创意。允许用户制订自己的目标，开发他们与活动互动的基于游戏的方法，能够与其他用户共享内容是使游戏化体验更有意义的途径之一……通过在任务中添加娱乐元素并分享他们的新方法，用户可以在没有外部奖励的情况下寻找如何使任务更有趣。追求相同目标的用户可以建立围绕这些目标的社区，在这些学习者社区可以分享经验，增进他们在非游戏活动中的学习。

Nicholson 提供的设计维度示例为理解游戏化增添了深度。在非游戏情境中，叙事和引人入胜的活动相较于传统的积分和排行榜显得更具可持续性，允许用户创建和修改内容、设定自己的目标、分享经验，提升用户的创造性，使游戏化更有内在动力。这一概念有助于建立社群，共同追求目标，增进非游戏活动的学习体验。

2.5.3 外在动机与内在动机

Ryan 与 Deci（2000）指出："动机的方向涉及产生行动的基本态度和目标。换句话说，它关注的是行动的原因。"因此在探讨动机时，有两种不同类型的动机：外在动机和内在动机。下面的例子简要说明了这两种动机之间的差异：

> 我读这本书是因为课程要求（外在动机）；我选择读这本书是因为我想知道故事如何结局（内在动机）（Post，2017）。

上面的例子说明了阅读书籍的两种不同动机。为了进一步解释这两种动机之间的区别，这里再举一个骑自行车的例子：有两个人每天骑自行车，其中一个人骑自行车是为了减肥和提升自尊心，那么这个人的动机是外在动机，因为骑自行车的行为与享受锻炼的目的不同；第二个人喜欢骑自行车，因为他（或她）从这项运动中获得了自由而畅快的体验，所以这个人的动机是内在动机。

从上面几个例子中可以看出，外在动机通常与奖励或目标有关。在外在动机的激发下，任务的目的是达到独立的结果，主要关注任务完成后他们将获得的奖励或惩罚。因此，一旦奖励停止，行为可能会停止。相比之下，内在动机提供了自主感、自尊心、自我价值感和目的感，而内在动机在个体之间是各不相同的（Post，2017；Kumar et al.，2013）。图2.26中举例展示了动机的两大类型，或者说是激励因素的类型：外在动机和内在动机。

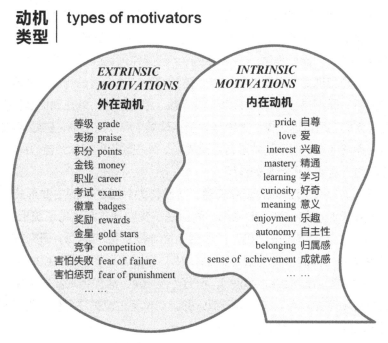

图2.26　动机的类型：外在动机与内在动机

在当前的博物馆用户体验课题下，当探访博物馆时，外在动机和内在动机可以在如下类似案例中得到体现。

外在动机：一位游客来到博物馆是因为听说博物馆赠送精美明信片，并且会有一个幸运抽奖活动，可以赢取一份小礼物。这个游客来博物馆的主要动力是外部奖励，如礼物和抽奖机会。一旦这些奖励不再存在，这位游客可能不再感到有动力再次光顾博物馆。内在动机：另一位游客前往博物馆是因为对历史和艺术有浓厚的兴趣，渴望了解更多关于博物馆所陈列的文物和展品的背后故事。这类游客内在的好奇心和对文化遗产的热爱驱使着他们前来，他们寻求深刻的学习和享受，而不是外部奖励。

至此，我们初步认识了外在动机和内在动机。接下来分别聚焦于它们的特点和应用。首先，我们将研究外在动机，这是基于奖励和外部激励的形式。然后，我们将深入探讨内在动机，它建立在自主性和兴趣之上。通过这些内容，我们将更好地理解动机在不同情境下的作用，为进一步探讨游戏化和激励提供理论基础。

2.5.3.1 外在动机

外在动机是指人们进行某项活动时，主要是为了达到某个具体的、与当前活动无关的结果，通常是奖励或目标，这一定义得到了诸多学者的支持。其中，Ryan与Deci（2000）支持Skinner（斯金纳）的操作理论，该理论认为奖励是驱动所有行为的核心因素。需要强调的是，Skinner的操作理论强调了外部因素对行为的影响，认为奖励和惩罚可以塑造和控制个体的行为。这个理论侧重于强调行为与外部环境的关系，而不是个体内部的思维和情感。综上所述，外在动机是指在进行某项活动时，人们之所以这么做，通常是为了实现某个具体的结果，例如奖励或目标，而这个结果通常与当前的活动并没有直接关联。外在动机的概念源自心理学的研究，强调了奖励对于驱动人们行为的作用。

先前关于游戏化和动机的研究表明，奖励作为外部动机的主要形式被认为是提高参与度和忠诚度的一种有效系统，而且基于奖励开发游戏化系统相对较简单。然而，奖励往往会削弱内在动机，不适合鼓励长期目标的实现。研究指出，这种基于奖励的游戏化形式被称为BLAP游戏化，它指的是将徽章（badges）、等级（levels）、排行榜（achievements）、积分（points）添加到现实环境中。这种奖励导向的游戏化存在的问题在于基于积分的游戏化将过度关注目标，而忽略了游戏性，从而可能减弱了内在动机。

SAPS奖励系统是一个不错的选择，尤其是当现金奖励有限的情况下（Zichermann et al., 2011）。基于期望、吸引力和成本，作者对SAPS奖励系统中的各种状态进行了排列，从"推荐"到"不推荐"依次为地位、获取、权力和实物（图2.27）。

S: status（地位），指与奖励相关的社会地位、声望或身份提升。

A: access（获取），涉及特定资源、信息或机会的获取。

P: power（权力），涉及在某个环境或社区中具有更大的影响力和控制权。

S: stuff（实物），涉及具体的物质奖励，如礼品、商品或金钱。

图2.27清晰地展示了有形奖励的地位，然而，持久的社会地位奖励更有助于提高参与度和创造力。同时，Pink（2015）也指出，像现金这样的有形奖励会将焦点放在眼前的事物上，而不是长远目标，这容易对内在动机产生明显的负面影响。最后，需要牢记的是，一旦奖励机制启动，就必须持续维护。

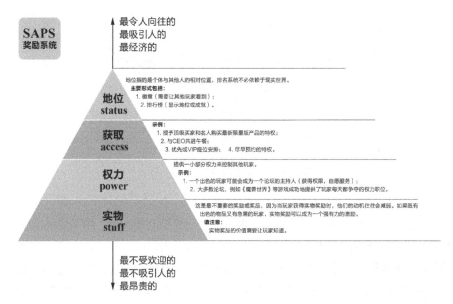

图2.27 SAPS奖励系统

2.5.3.2 内在动机

从人类的自然属性来看，内在动机指的是那些个体发现有趣且会在没有明显外在奖励的情况下进行的活动（Deci et al.，2000，2015）。

游戏化设计者应该意识到随着用户表现的不断进步，他们会期望获得更高水平的奖励，这是一个无止境且难以满足的过程（Nicholson，2015）。现有研究认可内在动机发挥的关键作用。关于内在动机，Deci 与 Ryan（2012）指出：“如果某人在没有奖励的情况下自由参与某项活动，发现它非常有趣和愉快，那么这个人就是受内在动机驱动的。”这表明，与依赖外部动机相比，以用户为中心的内在动机对于执行工作是颇为有益的。

在以用户为中心的理念中，自我决定理论（Self-Determination Theory，SDT）展示了如何通过建立内在动机来帮助用户找到参与的原因（Ryan et al.，1985）。作为一种激励理论，SDT 通过关注心理层面来调查跨性别、文化、年龄和社会经济地位等众多情境（Deci et al.，1985，2015）。在 SDT 理论中包括以下三类基本的心理需求（图 2.28）：胜任、自主和关联的需求。

在这三种需求中，胜任也可称为掌握，它通过掌握技能或知识来提升应对环境的信心和效力；自主是指参与者能够自由选择或控制方法，按照他们的期望去做而不是被迫去做；关联则是指与其他人建立亲近、密切的关系，也就是说，个体需要与他人建立亲密的、充满感情的人际关系，不再感到孤独。

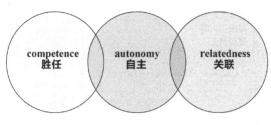

自我决定理论（SDT）中的三个基本心理需求

图2.28　自我决定理论（SDT）

综上所述，内在动机是指个体在没有明显外在奖励的情况下，因发现某项活动有趣和愉快而自发参与的动力，这种内在动机对于游戏化设计至关重要。自我决定理论（SDT）则为我们提供了一个框架，以帮助用户找到参与的原因。SDT强调了胜任、自主和关联这三种基本心理需求的重要性。这些需求的满足有助于激发内在动机，使用户更有动力参与游戏化活动。因此，在游戏化设计中，理解和满足这些心理需求，以激发用户的内在动机，是取得成功的关键因素。在本研究中，将内在动机融入年轻用户的参观体验调查中，不仅有望提高他们对博物馆的参与感和满意度，还能激发他们的学习兴趣。SDT已经发展成为一个被广泛接受的、成熟的理论框架，这一理论有助于年轻用户更正面地探索文化遗产，增进他们的文化互动，并加强博物馆与年轻一代之间的联系。因此，通过满足他们的自主、胜任和关联需求，有望提升年轻用户在博物馆的参与度，进而改善他们的参观体验，使参观体验更具教育性和互动性。

2.5.4　基于游戏化的玩家动机

回顾并重新审视游戏化这一议题，本书认为有很多不玩游戏的理由，但玩游戏的动机是相似的。Zichermann与Cunningham（2011）在其著作 *Gamification by Design: Implementing Game Mechanics in Web and Mobile Apps*（《游戏化设计：在网络和移动应用中引入游戏机制》）中指出，人们玩游戏的动机包括追求胜任、减压、寻找乐趣和社交互动。其中，"乐趣"是游戏化的一个关键指标。然而，玩家玩游戏的内在动机是各不相同的。这意味着虽然我们都寻求游戏中的乐趣，但每个人玩游戏的原因可能各不相同。有些人可能是为了挑战，有些人可能是为了放松，还有一些人可能是为了与朋友社交。这就解释了为什么不同人对同一个游戏可能有不同的体验。

秉承以用户为中心的内在动机理念，现在来探讨游戏化中的不同玩家类型。

Zichermann 与 Cunningham（2011）着重强调了玩家动机在构建游戏化系统时的重要性：

玩家是游戏化的根本。在任何系统中，玩家的动机最终决定了结果。因此，理解玩家动机对于构建成功的游戏化系统至关重要。

为了探究个体的动机，Bartle（2004）汲取了诸多学术与实践来源，确定了四种类型的玩家：成就者、社交者、探索者和杀手（本书将杀手重新命名为攻击者）。也就是说，这四种玩家类型构成了"乐趣"的不同来源。根据 Duijst（2017）的研究，成就者渴望结果（如升级与徽章），社交者喜欢合作（社交互动），探索者追求理解（探索新事物），而攻击者渴望取得胜利（通过胜利掌控）（图2.29）。尽管有多种不同类型的玩家，但它们都是建立在 Richard Bartle 提出的四种玩家类型基础上的。从图2.29中得知，所有玩家类型中最多的是社交者，而最少的是攻击者（80% 是社交者，50% 是探索者，40% 是成就者，20% 是攻击者）。从这几个数据中可以得出结论，普通人更多地寻求社交而不是胜利。当然，一个玩家也可以同时具备这四种类型的特点（Zichermann et al., 2011）。根据图2.29上面的坐标，不难发现，成就者和探索者更关注游戏中的世界（环境），

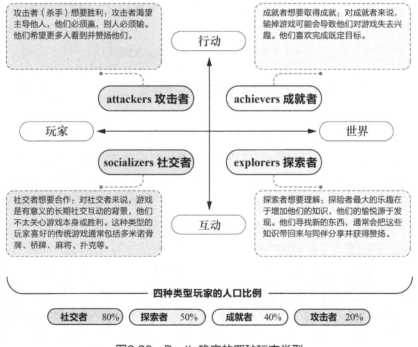

图2.29　Bartle确定的四种玩家类型

而不太关注其他玩家，而攻击者和社交者更倾向于关注其他玩家。另一方面，攻击者和成就者更正面地关注行动，而社交者和探索者更喜欢互动。这说明了不同类型的玩家在游戏中有不同的兴趣和关注点。成就者和探索者更专注于游戏世界本身，他们更喜欢探索游戏环境，而不太侧重与其他玩家的互动。与此相反，攻击者和社交者更注重与其他玩家的互动，他们更愿意正面地与其他玩家争胜或社交互动。这强调了在游戏设计中考虑不同类型的玩家兴趣和需求的重要性，以提供更丰富和吸引人的游戏体验。

通过分析玩家心理以及 Bartle 提出的玩家类型，Nicholson（2015）将玩家类型与 SDT 中的三类内在需求联系起来，并总结如下：①使用游戏化系统，社交者倾向于满足和与他人互动，他们对 SDT 中的关联性概念感兴趣；②试图打破游戏化系统的边界，探索者渴望广泛参与，非常看重自主性，特别强调自主选择与控制；③成就者寻求成就感，他们高度重视胜任（掌控）需求；④进攻者期望竞争和征服，更看重 SDT 中的掌控要素。图 2.30 中的游戏玩家心理框架图可以清晰地说明这一关联。

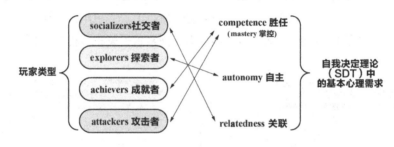

图2.30　游戏玩家心理框架

根据 Nicholson（2015）的总结："通过确保每种玩家类型都有一种方式来享受探索系统，游戏化设计师极大地提高了玩家参与的机会。"游戏化旨在为内在动机提供一种表达方式，了解用户的需求是有效使用游戏化的关键（Post，2017）。在Akasaki 等（2016）的研究中，他们描述了游戏化方法如何影响个体的动机，以鼓励在数字服务中进行更多活动。他们的研究表明，根据 Bartle 分类法的个性分析服务是使设计能够激发不同个性并找出设计中可能的缺陷的有益工具。

在游戏化设计中，不同类型的玩家有不同的动机，如追求胜利、社交互动、探索和成就感。社交者更注重与他人互动，成就者寻求胜利，探索者希望探索新事物，而攻击者看重竞争。理解这些不同的玩家类型和需求是游戏化设计成功的关键。将玩家类型与自我决定理论中的内在需求联系，可以更好地满足他们的动机。通过确保每种玩家类型都有机会享受游戏系统，可以提高玩家参与度。这强调了游戏设计师了解用户需求的重要性。游戏化的应用可以激发不同个性的动机，从而鼓励用户参与更多的活动。在该研究中的博物馆语境下，博物馆应根据不同访客的动机和需求，设计吸引人的展览和互动，以提高参与度。

2.6　本章小结

本章讨论了博物馆、用户体验、服务设计以及游戏化和动机的概念、发展、关联。从文献综述中可以看出，博物馆的"展品导向"概念已从以收藏为中心变为以访客为中心的服务概念。文献还表明，从传统博物馆的物理空间到物理与虚拟的互补形式是博物馆形式上的巨大变革。同时，在博物馆多样性的背景下，基于中国历史建筑博物馆的研究具有重要价值。在大多数情况下，博物馆游客购买的不是实物产品，而是参观体验。此外，从文献中可以看出，服务设计可以作为一种探索博物馆用户体验的有效方法。在品牌个性方面，文献还阐明了伴随内在动机的有意义的游戏化是提高用户参与度的一种方式，并提出了 Bartle 分类模型以协助本研究中的用户画像选择。

表 2.1 对重要内容做了简要汇总，突显了文献综述对本研究的启示。

表 2.1　文献综述对本研究的启示

项目	从文献中可以学到什么？	对于这项研究的启示
博物馆	博物馆的宗旨包括教育、研究和娱乐，着重强调了教育功能	如果可能的话，在研究讨论阶段，本研究将尽量考虑教育和娱乐的目标
	国际博物馆协会（ICOM）提出的最新博物馆定义中去掉了博物馆组织的示例列表	这一调整的目的是鼓励博物馆更侧重实质而非形式，以促进博物馆创新。博物馆形式的多样性是一个趋势，而历史建筑博物馆也是博物馆的一种类型
	中国拥有大量的历史建筑博物馆	这表明在中国，以历史建筑博物馆为基础的博物馆研究具有重要价值
	实体博物馆和虚拟博物馆之间存在互补关系	这为我们提供了通过线下和线上参与来探索博物馆用户体验的机会
用户体验	用户体验必须以用户为中心，这意味着研究数据必须来自用户，而不是设计者的主观假设	这与数据收集的方法有关
	尼尔森·诺曼集团会议定义了用户体验的四个层次（用户体验的质量属性）	这可以作为测试用户体验的基础，或者可以与研究结果进行比较
	关于品牌体验是否可控，人们存在一些不同的看法	通过研究结果，尝试进一步讨论这个问题
	在一起体验的时候，大家一起对共享的经历有所贡献，就像互相合作一样	通过参与式设计，我们可以更好地理解这种共同体验
	举例：体验数据来源可以分为三个类别：说、做和创造	我们不仅需要创新研究方法，还应采用多样化的数据收集方法

项目	从文献中可以学到什么？	对于这项研究的启示
服务设计	体验是服务设计的起点，而用户体验研究正在从以产品和用户为中心的设计过渡到更全面的服务设计	有必要通过服务设计方法来研究博物馆的用户体验
	在这项研究中，提出并强调了基于博物馆服务过程的"参观前—参观中—参观后"模型	通过这三个阶段从用户那里收集数据
	了解访客是谁以及制订满足他们需求和兴趣的解释性计划至关重要	研究人员需要提供评估个体体验的具体方法或适当工具，以满足不同动机的需求
游戏化与动机	文献表明，通过使用游戏元素和技能，可以增强参与和学习的动机	通过运用游戏化理念，有助于探索博物馆用户体验
	采用奖励的游戏化方式适用于短期目标；然而，随着时间的推移，奖励的作用应逐渐减弱，以持续的有意义互动取而代之	基于内在动机的以用户为中心的有意义的游戏化更为高效
	内在动机是因人而异的，每个人都有不同的内在动机	玩家类型和自我决定理论（SDT）之间的相关性基于内在动机
	玩家是游戏化的基础。在任何系统中，玩家的动机最终决定了结果。因此，理解玩家动机对于构建成功的游戏化系统至关重要	利用游戏化中的玩家类型来识别不同的用户画像，可以高效地了解每种类型玩家在探索博物馆时的乐趣方式

本章参考文献

[1] 茶山,2015. 关于服务设计接触点的研究：以韩国公共服务设计中接触点的应用为中心 [J]. 工业设计研究 (00):111-116.

[2] 杜水生,2006. 从博物馆的定义看博物馆的发展 [J]. 河北大学学报（哲学社会科学版）(06):119-121.

[3] 冯乃恩,2017. 物馆数字化建设理念与实践综述：以数字故宫社区为例 [J]. 故宫博物院院刊 (1):108-123.

[4] 关昕,2017. 文物建筑再利用的博物馆化研究 [J]. 中国博物馆 (02):41-47.

[5] 郝黎,2014. 遗址博物馆的广义与狭义辨析 [J]. 中国博物馆,31(04):72-76.

[6] 李思雨,2017. 博物馆 APP 应用现状与相应对策 [J]. 惠州学院学报,37(04):89-93.

[7] 秦臻,2014. 通过接触点设计提升服务体验 [J]. 包装与设计 (3):3.

[8] 田凯,侯春燕,2015. 博物馆里,传承与创新并不矛盾：河南博物院院长田凯访谈录 [J]. 中国博物馆,32(02):121-127.

[9] 章宏伟,周乾,徐婉玲,2017. 故宫博物院国际影响力分析及应对措施 [J]. 首都师范大学学报（社会科学版）(01):88-94.

[10] AHMAD A , THYAGARAJ K S, 2017. An Empirical Comparison of Two Brand Personality Scales: Evidence from India[J]. Journal of Retailing and Consumer Services, 36(January): 86 - 92.

[11] ALEXANDER E P,ALEXANDER M, DECKER, J, 2017. Museums in Motion: An Introduction to the History and Functions of Museums[M]. Lanham: Altamira Press.

[12] BAGHLI S A, BOYLAN P, HERREMAN Y, 1998. History of ICOM (1946-1996) [M]. Paris: International Council of Museums.

[13] BARTLE R A, 2004. Designing Virtual Worlds[M]. United States: New Riders.

[14] BATTARBEE K, 2004. Co-Experience: Understanding User Experiences in Social Interaction[M]. Finland: Publication series of the University of Art and Design, Helsinki.

[15] BATTARBEE K, KOSKINEN I, 2005. Co-experience: User Experience as Interaction[J]. CoDesign, 1(1): 5 – 18.

[16] BEGNUM M E, BUE O L, 2021. Advancing Inclusive Service Design: Defining, Evaluating and Creating Universally Designed Services[C]// International Conference on Human-Computer Interaction. Cham: Springer International Publishing: 17-35.

[17] CLEVELAND M, PAPADOPOULOS N, LAROCHE M, 2011. Identity, Demographics, and Consumer Behaviors: International Market Segmentation across Product Categories[J]. International Marketing Review, 28(3): 244 – 266.

[18] DABBS A D V, MYERS B A, MC CURRY K R, et al, 2009. User-centered Design and Interactive Health Technologies for Patients[J]. CIN: Computers, Informatics, Nursing, 27(3): 175 – 183.

[19] DECI E L, RYAN R M, 2000. The "What" and "Why" of Goal Pursuits: Human Needs and the Self-determination of Behavior[J]. Psychological Inquiry, 11(4): 227 – 268.

[20] DECI E L, RYAN R M, 2012. Handbook of Self-determination Research [M].2nd ed. United States: University Rochester Press.

[21] DECI E L, RYAN R M, 2015. Self-Determination Theory[M/OL]// Wright J D. International Encyclopedia of the Social & Behavioral Sciences. 2th ed. Amsterdam: Elsevier: 486 – 491 [2017-12-25]. https://doi.org/10.1016/B978-0-08-097086-8.26036-4

[22] DECKER J, 2017. Engagement and Access: Innovative Approaches for Museums[M]. London: Rowman & Littlefield.

[23] DETERDING S, ZAGAL J, 2018. Role-Playing Game Studies: Transmedia Foundations[M]. London: Routledge.

[24] ESPIRITU E K, 2018. Branding for Small and Mid-Size Museums: Relationships,

Messaging, and Identity[D]. San Francisco: San Francisco State University.

[25] FALK J H, DIERKING L D, 2013. Museum Experience Revisited [M]. 2nd ed. Walnut Creek: Left Coast Press. FRASCARA J, 2015. Design as Culture Builder [J]. Visible Language, 49(1/2): 275 – 277.

[26] FRASCARA J, MEURER B, VAN TOORN J, et al, 1997. User-centered Graphic Design: Mass Communication and Social Change[M]. Boca Raton: CRC Press.

[27] FRENCH A, 2016. Service Design Thinking for Museums: Technology in Contexts. MW2016: Museums and the Web 2016[M]. Los Angeles: Archives & Museum Informatics.

[28] GARAU C, ILARDI E, 2014. The "Non-Places" Meet the "Places:" Virtual Tours on Smartphones for the Enhancement of Cultural Heritage[J]. Journal of Urban Technology, 21(1): 79 – 91.

[29] GOYAT S, 2011. The Basis of Market Segmentation: A Critical Review of Literature[J]. European Journal of Business and Management, 3(9): 45 – 55.

[30] HOLBROOK M B, HIRSCHMAN E C, 1982. The Experiential Aspects of Consumption: Consumer Fantasies, Feelings, and Fun[J]. Journal of Consumer Research, 9(2): 132–140.

[31] HAMARI J, KOIVISTO J, 2015. Why Do People Use Gamification Services? [J]. International Journal of Information Management, 35(4): 419 – 431.

[32] HARTE R, GLYNN L, ALEJANDRO R-M, et al, 2017. A Human-Centered Design Methodology to Enhance the Usability, Human Factors, and User Experience of Connected Health Systems: A Three-Phase Methodology [J]. JMIR Hum Factors, 4(1): e5443.

[33] HÜRST W, DE BOER B, FLORIJN W, et al, 2016. Creating New Museum Experiences for Virtual Reality [C]// The Institute of Electrical and Electronics Engineers, Inc. 2016 IEEE international conference on multimedia & expo workshops (ICMEW). New York: IEEE.

[34] IZZO F, 2017. Museum Customer Experience and Virtual Reality: H.BOSCH Exhibition Case Study [J]. Modern Economy, 8(4): 531 – 536.

[35] JORDAN P W, 2002. Designing Pleasurable Products An Introduction to the New Human Factors [M]. Boca Raton: CRC Press.

[36] KENDERDINE S, 2013. "Pure Land" : Inhabiting the Mogao Caves at Dunhuang [J]. Curator: The Museum Journal, 56(2): 199 – 218.

[37] KUMAR J M, HERGER M, 2013. Gamification at Work: Designing Engaging Business Software [M]. United States: The Interaction Design Foundation.

[38] LEVINES G, 2015. Do Selfies and Smartphones Belong in Museums? Many Curators Say Yes[EB/OL]. (2015-1-23). http://www.betaboston.com/news/2015/01/21/do-selfies-and-smartphones-belong-in-museums-many-curators-say-yes

[39] MARTY P F, 2007. Museum Websites and Museum Visitors: Before and After the Museum Visit [J]. Museum Management and Curatorship, 22(4): 337 – 360.

[40] MASLOW A H, 1943. A Theory of Human Motivation [J]. Psychological Review, 50(4): 370 – 396.

[41] NIELSEN L, HANSEN K S, 2014. Personas is Applicable: A Study on the Use of Personas In Denmark[C]// Proceedings of the SIGCHI Conference on Human Factors in Computing Systems. New York: ACM: 1665 – 1674.

[42] NICHOLSON S. A User-Centered Theoretical Framework for Meaningful Gamification[EB/OL]. (2012-6-1)[2017-11-5]. http://scottnicholson.com/pubs/meaningfulframework.pdf

[43] NICHOLSON S, 2015. A RECIPE for Meaningful Gamification in Gamification in Education and Business[M]. Cham: Springer.

[44] PINE J, GILMORE J H, 1998. Welcome to the Experience Economy[M]. Cambridge, MA, USA: Harvard Business Review Press.

[45] PINK D H, 2015. Drive: The Surprising Truth About What Motivates Us[M]. New York: Penguin.

[46] POLAINE A, LOVLIE L, REASON B，2013. Service Design: From Insight to Implementation [M]. Brooklyn: Rosenfeld Media.

[47] RIVIÈRE G H, 1980. The Ecomuseum: an Evolutive Definition[J]. Museum International, 37(4): 182 – 183.

[48] ROTO V, LEE J, MATTELMÄKI T, et al, 2018. Experience Design meets Service Design: Method Clash or Marriage?[C]// Extended Abstracts of the 2018 CHI Conference on Human Factors in Computing Systems. New York: ACM:1-6.

[49] RYAN R M, DECI E L, 1985. Intrinsic Motivation And Self-determination in Human Behavior[M]. New York: Plenum.

[50] RYAN R M, DECI E L, 2000. Intrinsic and Extrinsic Motivations: Classic Definitions and New Directions[J]. Contemporary Educational Psychology, 67(1): 54 – 67.

[51] SANGIORGI D, 2009. Building Up A Framework for Service Design Research[C]// 8th European Academy Of Design Conference 1st 2nd 3rd April 2009. Aberdeen: The Robert Gordon University: 415 – 420.

[52] SCHMITT B, 1999. Experiential Marketing[J]. Journal of Marketing Management, 15(1 – 3): 53 – 67.

[53] SCHMITT B, 2009. The concept of brand experience[J]. Journal of brand management, 16, 417–419.

[54] SCHWEIBENZ W, 1998. The "Virtual Museum" : New Perspectives for Museums to Present Objects and Information Using the Internet as a Knowledge Base and Communication System[J]. Isi, 34 (1998): 185–200.

[55] SIMMONS J E, 2016. Museums: A History. Washington[M]. London: Rowman & Littlefield.

[56] STICKDORN M, HORMESS M E, LAWRENCE A, et al, 2018. This Is Service Design Doing: Applying Service Design Thinking in the Real World[M]. Sebastopol: O' Reilly Media.

[57] TIGER L, 2000. The Pursuit of Pleasure[M]. London: Routledge.

[58] TOULOUM K, IDOUGHI D, SEFFAH A, 2017. User Experience in Service Design: A Case Study from Algeria[J]. It Professional, 19(1): 56–58.

[59] OULOUM K, IDOUGHI D, SEFFAH A, 2018. Adding UX in the Service Design Loop: The Case of Crisis Management Services [J]. Interaction Design and Architecture(s), 37: 47 – 77.

[60] TROTTER R, 1998. The Changing Face and Function of Museums [J]. Media International Australia Incorporating Culture and Policy, 89(1): 47 – 61.

[61] VAGNONE F D, Ryan D E, 2016. Anarchist' s Guide to Historic House Museums [M]. New York: Routledge.

[62] VON SAUCKEN C, GOMEZ R, 2014. Unified User Experience Model Enabling A More Comprehensive Understanding of Emotional Experience Design[C]// 9th International Conference on Design and Emotion. Bogotá: Ediciones Uniandes: 631 – 640.

[63] WEDEL M, KAMAKURA W, 2012. Market Segmentation: Conceptual and Methodological Foundations [M]. Cham: Springer.

[64] ZICHERMANN G, CUNNINGHAM C, 2011. Gamification by Design: Implementing Game Mechanics in Web and Mobile Apps [M]. Sebastopol: O' Reilly Media.

[65] ZOMERDIJK L G, Voss C A, 2010. Service Design for Experience–Centric Services [J]. Journal of Service Research, 13(1): 67 – 82.

第 3 章
研究方法

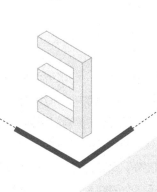

3.1 本章导读

本章详细阐述了研究中采用的方法论、方法，以及数据分析策略。主要解释了定性研究设计，讨论了采用的哲学世界观和策略，进行了人物角色和接触点的选择、具体的数据收集过程、转录和数据准备以及数据分析。通过结合用户画像、访谈和快速民族志等一系列方法，以及在服务设计参与过程中聚焦有价值的用户群体，有助于集中研究的焦点。因此，本研究有望基于共情提供以访客为中心的服务，并为博物馆提供更好的访客体验。

3.2 定性研究设计

简而言之，研究设计是指研究方法是否倾向于定性、定量或混合方法。就定义而言，Yin（2011）认为研究设计是逻辑蓝图。在本研究中，采用了定性研究设计，这种方法在用户体验研究中尤其有价值，因为定性研究设计有以下两个主要标准。

第一，根据 Creswell（2009）的观点，定性研究具有探索性质，因此适用于全新的研究课题。此外，Segelström 等（2009）也明确指出，服务设计是一个开放且探索性强的过程。就这项服务设计研究而言，研究者面临的挑战在于目前鲜有运用服务设计方法来深入研究历史建筑博物馆用户体验的研究。尤其值得注意的是，以往的研究很少涉及基于博物馆不同用户动机的相关探讨。综合考虑所有这些因素，本研究可被视为一项全新课题的探索性研究。

第二，通过广泛参考各种信息来源得出结论，定性研究设计有助于更深入、更全面地理解用户的体验，这一过程通过语言、手势、流程、互动等方式实现。因此，本研究采用定性分析，以深入了解不同参与者具体的博物馆参观体验。为了获得深度和详细的洞察，本定性研究采用了多种数据收集方法和工具，以实现多源数据的交叉验证，旨在深入了解用户的行为和模式。

通常情况下，定性方法更偏向于依赖文字和开放性问题，而不是数字和封闭性问题，这为创新提供了广泛的发挥空间。基于作者个人经验，本研究采用了以定性研究方法为主的研究设计，因为研究者热衷于进行观察、展开访谈，以及文学化的写作方式。

总之，当前研究采用定性为主的研究设计是合理的，因为它旨在深入理解年轻用户的体验，涉及主观感受和互动过程。定性方法能够更全面地捕捉这些方面，探索用户需求和行为的背后动机，以便更好地优化博物馆服务。

在 20 世纪下半叶，定性研究的数量逐渐增加。一般来说，定性研究旨在理解个体或群体赋予社会或人类问题的含义（Creswell，2009）。从研究结果的形式来看，定性研究的一个重要特征是研究结果中包含了理论生成。换句话说，归纳性的方法通常与定性研究策略相关，归纳的过程包括从观察等方法中得出概括性的推论（Bryman，2012）。

宏观来看，研究设计包括三个方面：哲学世界观、研究策略以及研究方法。首先，研究者需要考虑在哲学世界观上的看法；其次，研究策略与不同类型的世界观相关联；最后，作为研究程序的具体研究方法将前述研究策略付诸实践。这表明世界观、研究策略和研究方法都对研究设计产生着影响。

具体来说，在研究设计中，哲学世界观或范式是整个研究的理论基础和框架，它代表了研究者的核心信仰和价值观。哲学世界观指导着研究的目的、方法和方法选择。它决定了研究者对现实世界的理解方式，以及如何解释研究结果。研究策略是研究的总体方法论，它是研究的计划和方法的规划。研究策略取决于研究者的哲学世界观，它决定了研究者如何收集、分析和解释数据。研究策略在哲学世界观的指导下帮助研究者选择适当的方法，以确保研究的一致性和准确性。研究方法是具体的数据收集和分析工具，它们是研究策略的实际应用。研究方法的选择取决于研究策略和哲学世界观，以及研究问题和目标。研究方法包括观察、访谈、调查、实验等，它们是研究者用来获取数据的手段。因此，这三个要素之间存在密切的关系。哲学世界观指导研究策略的选择，而研究策略又指导了具体的研究方法的应用。它们一起构成了研究设计的基础，确保研究在哲学、方法和实践层面的一致性和连贯性（图 3.1）。

图3.1　研究设计的框架

3.3 哲学世界观

根据 Guba（1990）的观点，世界观指的是"指导行为的基本信仰"。研究人员持有的信仰类型将有助于解释为何在特定的研究项目中应采用定性、定量或混合研究方法。

在这项研究中，研究者持有社会建构主义的世界观，尽量依赖于研究中被研究的博物馆的用户画像（personas）对博物馆的感知。根据 Yin（2011）和 Creswell（2013）的提议，建构主义经常与解释主义相结合或被描述为解释主义。Creswell（2009，2013）进一步指出，社会建构主义者认为个体根据他们的生活和工作背景逐渐形成了对经验的个人理解，因此研究应该尽量依赖参与者的观点。使用开放性问题可以帮助我们理解参与者如何看待特定情境。最终，研究者尝试解释人们对世界的意图和目的，并构建一个理论或模式来解释这些观点。

保持建构主义的世界观，本研究采用了定性方法来回答研究问题，因为本研究数据收集和分析的重点是获得不同类型的用户画像对于博物馆的体验。在这项研究中，使用了更多的开放性问题，以允许参与者分享他们的想法。同样重要的是，研究者还观察了他们的语言、动作和表情。在该解释性研究中，研究者理解并归纳这些数据，以从数据分析中以演绎的方式提出指导原则。尽管研究采用了定性策略（如观察和访谈），但本研究并不排斥定量描述（例如用于选择用户画像的问卷调查的分数排名列表）。

3.4 研究策略

研究策略，也称研究方法学或研究方法论，为整体研究设计中的研究过程提供了明确的方向。确切地说，这些策略聚焦于数据收集、分析和撰写（Creswell，2009）。

在社会研究中，研究人员常常需要在多种选择之间做决策。例如，表 3.1 展示了常见的几种定性研究策略以及它们各自的研究目的。当然，这些方法之间可能会有一些重叠和交叉。每个选择都基于一些假设，而且都有其优点和缺点。就像你在某个方向取得进展时，可能会错过其他方面的信息。没有一种方法是绝对正确的，但对于解决特定问题，有些方法可能更合适。民族志与建构主义哲学世界观相关联，具有在这项定性研究中使用的可行性。然而，研究者需要调整传统的民族志方法以适应这个服务体验调查项目。

表 3.1　定性研究方法的常见类型

定性研究的类型	目的
民族志法	理解和描述特定群体或社区的文化信仰、习惯和行为
扎根理论法	基于观察和访谈获得的数据来发展理论或概念
叙事方法	探索和分析个体或群体的故事、经验或描述，以理解意义构建和身份形成
案例研究法	在真实环境中深入分析特定个体、群体或现象
现象学方法	探索和理解个体赋予特定现象的主观经验、感知和意义
历史方法	考察和解释历史事件、过程和背景，以获取有关社会、文化或政治现象的见解

3.4.1　传统民族志策略的可行性

许多设计领域，尤其是那些强调用户在整个过程中的体验的领域，如服务体验设计，已经采用了民族志作为研究方法。回顾历史，民族志起初在 20 世纪初由人类学家在文化人类学中使用。在那个时期，研究者就像探险家一样进入一个陌生的地方，花费大量时间去发现一些事情，就特定问题进行交谈，做田野记录，然后回国撰写研究成果（Bryman, 2012; Creswell, 2013）。不难看出，民族志研究者在自然环境中花费了很长时间收集观察和访谈数据。随着人类学的发展，民族志强调从二手报告转向一手数据收集。

此外，将传统民族志应用于服务设计，以探索本项目中故宫博物院的用户体验的可行性取决于以下合理性：①民族志是获得深入和详细了解用户视角感知的有效方法，助力研究者全面了解服务体验。如 Paper 与 Khambete（2017）所指出的，关注用户在其语境中的体验，服务设计师使用民族志来理解用户、语境并产生共鸣。②位于同一地点或环境中的参与者是传统民族志的明显特征。对于这项研究，"同一地点或环境"是指故宫博物院的现场和在线环境，用户画像在这些环境中体验博物馆服务。

因此，为了更好地理解参与者在故宫博物院的感受，包括正面和负面的体验，研究者在进行实地和在线民族志工作时寻找他们的思想和行动模式的共性和个性。这意味着研究者会根据四个不同人物画像的独特观点详细报告他们的体验，然后将数据综合起来，以制定故宫博物院的指南。

值得指出的是，在这项研究中的现场民族志工作是面对面观察人物画像，而在线民族志则充分利用民族志研究框架来进入数字世界。受 Stickdorn 等（2018）的启发，特别是在这项研究的参与者在线民族志中，研究者通过屏幕录制与特定用户画像进行互动，以"跟踪"他们的在线活动。

3.4.2 传统民族志面临的挑战

通过前面的阐述，已经明确了将民族志应用于此服务体验设计项目以深入了解用户的可行性。然而，传统民族志在探索服务体验方面存在效率低下的问题。研究者普遍认为，民族志研究者面临的最大挑战之一是传统民族志研究需要长期的现场工作，例如观察和访谈（Millen et al., 2000; Segelström et al., 2009; Garrett, 2011; Paper et al., 2017）。通常情况下，随着产品或服务的交付周期变得更短，长时间的民族志研究变得不切实际，因为需要耗费大量时间。

在大多数情况下，要花数周甚至数月的时间在实地收集数据并理解这些数据是不现实的。尽管如此，观察现场用户活动的好处仍然非常吸引人（Millen et al., 2000）。

尽管上述观点对传统民族志进行了肯定，但其时间成本仍然令人担忧。Nielsen（2002）指出："现场研究应强调对真实用户行为的观察。简单的现场研究快速且容易进行，无需大量人力如人类学家团队。"由于时程紧迫和资源有限，需要采取措施，因此快速民族志方法应运而生，以利用其他数据收集方法，在有限的时间内获取数据，而不会影响数据的广度和质量。

综上所述，传统民族志研究面临时间成本挑战，尤其在如今缩短的产品开发周期下变得不切实际。为了克服这一问题，快速民族志方法崭露头角，强调简化的现场研究，以更好地适应时间和资源限制，同时继续聚焦观察真实用户行为，确保数据的质量，这为研究提供了更多灵活性和实用性。

3.4.3 将快速民族志作为服务设计方法

深入了解用户在复杂文化和服务环境中的体验至关重要，但传统民族志耗时，不适用于大型场所。因此，改编后的快速民族志成为创新服务设计方法。

在探索用户的服务体验时，使用传统的程序化民族志几乎无法在有限的时间内对服务用户进行深刻的理解。面对严重的时间限制问题，研究人员在努力寻求调整传统民族志的方法（Millen et al., 2000）。希望这些调整策略将增强现场研究的实用性，并在较短的时间内提供更丰富的现场体验。越来越多的文献已经探讨了民族志的改编并得出结论，作为一种服务设计方法，改变后的快速民族志适用于当前的故宫博物院用户体验研究案例，有望在有限的时间内提供高效数据（Millen et al., 2000; Segelström et al., 2009; Garrett, 2011; Paper et al., 2017）。其中，

Millen 等（2000）审查了多个项目，明确了快速民族志这一关键概念：

在进入现场之前，适当缩小现场研究的焦点，专注于重要的活动。访问关键信息提供者，如社区向导。

在上述表述中，强调了快速民族志中的"聚焦"特征，这与 Garrett（2011）在情境调查和任务分析中发现的观点类似。有时任务可以非常集中抑或广泛，从而克服了耗时的弱点。基于广泛的参考，现在可初步给出快速民族志的定义：

快速高效地获取目标用户需求数据，通过亲临其境的观察、互动和采访用户的生活方式，然后整理、分析这些观察数据的结果，以帮助设计师迅速了解用户的潜在需求。

在这项研究中，使用快速民族志之所以是合适的，是因为故宫博物院是一个庞大的地点，充满了许多不同的展示和服务接触点。传统的民族志需要长时间的现场工作，但在故宫这样庞大的古代建筑博物馆中，要深入了解用户的体验需要更快捷的方法。改编后的快速民族志允许研究者将焦点集中在特定的服务接触点上，这有助于在有限的时间内获得高效的数据，而不会影响数据的广度和质量。因此，在这项使用快速民族志进行数据收集的研究项目中，将指定特定的服务接触点，然后研究人员将"跟踪"用户的"缩小版"活动。

总体上看，改编后的快速民族志可以被视为一种服务设计方法，尤其在服务设计研究领域。它是对传统民族志方法的改编，旨在适应现代研究需求，特别是在有限时间内获得深入的现场观察数据。虽然它保留了民族志的一些基本原则，但它已经被调整和定制，以适应服务设计项目的特殊要求。

3.5 用户画像的选择

第 2 章中，我们初步探讨了用户画像技术，包括对用户画像技术的概念和多个常见的理论模型的介绍。同时，我们还根据 Bartle 玩家类型提出了四个独具特色的用户画像。在这一节中，我们将详细描述用户画像选择的具体流程，并呈现这四个用户画像的详细背景信息。

3.5.1 用户画像选择方法介绍

本节旨在概述该研究中的用户画像选择方法。在用户画像技术的指导下，确定了参与者最倾向的玩家类型。此外，本研究还强调了参与者的"易接触性"。有关选择用户画像的详细程序和用户画像的独特背景将在下一小节中进行阐述。

迄今为止，改编后的快速民族志方法通常侧重于"报告"而非"探索"。在这个问题上，Paper 与 Khambete（2017）曾严肃指出，通常情况下，设计师们常常对民族志工具和方法进行改编，但他们的关注点往往局限于报告数据，而忽略了反思、解释及探寻相互关系的重要性。然而，要获得更为有效的数据，精心挑选适合的受试者显得至关重要，这一挑选过程可以被视为获得深层见解的前提条件。正如 Millen 等（2000）提出："选择标准需要明确，招募受试者的计划需要深思熟虑。"

这项研究旨在利用服务设计方法、基于游戏化用户画像探索故宫博物院年轻用户的体验。至于年轻人的定义，中共中央、国务院印发的《中长期青年发展规划（2016—2025 年）》指出，青年的年龄范围是 14～35 岁，这为该研究选择受试者提供了一个可参考的年龄范围。此外，虽然有目的地选取受试者不是基于便利性的，但需要明确的是，在招募受试者时仍然要考虑便利性因素。根据方便性原则，该项目中特定类型的参与者均为本书作者所在工作单位不同班级的本科生。更重要的是，在预定的地理区域内选择用户画像的便利有助于研究人员与参与者之间频繁和深入的沟通，从而使研究更加有效。与陌生人相比，师生之间的合作有助于减轻潜在的"观察效应"，从而更有可能在真实环境中获得可信度更高的数据。

在学术研究领域，观察效应是指在研究中，当被观察的个体意识到自己正受到观察时，其行为和反应会发生改变的现象。这种效应可能导致研究结果不真实或偏颇。通常情况下，邀请熟人担任研究中的受试者可能有助于减少观察效应的产生。这是因为熟人对于观察者的存在感到更加自在和自然，更倾向于表现出他们日常生活中的真实行为和反应，因为他们了解观察者对其不会产生负面影响。

此外，诸多研究强调定性研究要有目的地选择信息提供者，这和定量研究中的概率抽样有所不同（Bryman, 2012）。这一做法能确保选择与研究问题相关的地点和参与者。鉴于用户体验研究需要识别特定类型的用户，因此有目的地选择信息提供者将使被调查的对象变得明确。根据 Stickdorn 等（2018）的观点，邀请参与者创建用户画像在服务体验设计中是一种常见做法。此外，他们就如何为服务设计创建用户画像提出了以下建议：

通常情况下，用户画像代表着一组拥有共同兴趣、相似行为模式或人口和地理相似性的人群。然而，人口统计信息如年龄、性别或居住地往往会产生误导，因此要小心避免循规蹈矩……相反，要尝试根据在研究中发现的数据和模式来创建用户画像⋯⋯在开发用户画像时，应该着眼于创建大约3～7个核心画像，代表主要的市场细分。

以上论述表明，创建用户画像的目的在于代表不同用户群体的需求和特点。此外，Stickdorn等人在建议中指出，在创建画像时，通常3～7个核心用户画像足以代表主要的市场细分，这是因为过多的画像可能会导致混淆和难以管理，这一建议有助于本研究项目创建富有深度的博物馆用户画像，以支持研究项目的实施。本书也非常支持Stickdorn等人在上面的观点中提出的"人口统计信息如年龄、性别或居住地往往会产生误导"之观点，鉴于用户体验本身是一种感性的体验，因此更具意义的是了解用户的心理特征，如个性差异和访问动机，这些可以成为确定用户画像标准的更有价值的依据。

因此，本质性研究中选择四个用户画像已被证明是合理的。诸多学者的研究进一步为该项目研究人员提供了有关受试者人数的有价值的参考（Warren, 2002; Gerson et al., 2002; Crouch et al., 2006; Guest et al., 2006; Mason, 2010），通常为1～350个。此外，其他学者如Slevitch（2011）在定性方法论中也提出以下原则：

在定性方法论中，样本大小变得不相关。通常会尝试理解少数参与者的参照框架和世界观，而不是在大样本上测试假设。样本的评估基于其提供重要和丰富信息的能力，而不是因为它们代表了更大的群体。

上述Slevitch的观点与Stickdorn刚刚提出的"3～7个核心用户画像"建议不谋而合。在理解上述观点后，综合学者们的建议，使用用户画像技术招募4名基于Bartle玩家类型的受试者（每个类型中选1名），有助于强调深度和丰富度，而不是信息提供者的数量越多越好。以下观点为本项目的受试者选择提供了理论支撑：

①Stickdorn等（2018）指出，在创建用户画像时，通常应创建3～7个代表主要市场细分的核心用户画像。如果所创建的人数超过了此范围，人们将不会真正在工作中使用，因为他们无法记住所有用户画像。②Slevitch（2011）表示，样本的评估基于其提供重要和丰富信息的能力，而不是因为他们代表了更大的群体。③Jung等（2017）提出，通常用户画像创建集中在少数范围内（3～6个）。

除了受试者人数的考量，该项目在选择用户画像时忽略了性别等因素的影响，正如前面Stickdorn等（2018）明确指出，人口统计信息或地理相似性等标准会误导服务设计研究中的用户画像生成。总体而言，以体验为中心的定性研究无疑需要更少的受试者，本书的这一结论与多位学者的观点不谋而合。

在此重新强调该研究项目在选择用户画像时所使用的理论模型。尽管市场细分理论提供了多种模型用于选择用户画像，但并非所有服务设计背景下的用户画像技术都适用于博物馆体验研究。第2章中也曾多次提到，将现有的通用模型或框架应用于本研究中的年轻用户群是不合适的（如Aaker的品牌人格模型、荣格的人格原型等）。由于游戏化可以促进年轻用户的参与和个体满意度的提高，因此游戏化模型更适用于选择代表不同类型博物馆用户的典型画像，宜根据游戏化玩家类型理论来优化民族志方法，以识别特定的目标子群。事实上，从历史角度看，关于游戏玩家的性格和游戏风格，诸多专家也曾提出许多不同的心理模型，研究者们已证明了这些模型都基于Bartle的四种玩家类型。经过比较表明，Bartle分类法也是使用最频繁、最持久、最全面和最有影响力的模型。此外，早期文献证明，该玩家分类法在游戏环境中非常有效，其对受众构成的理解方式构成了后来大量游戏化研究的基础（Christians，2018）。特别是Vallarino等（2020）的研究表明，将Bartle的玩家分类法应用于企业内部培训可以最大程度地提高参与度。其他研究如Redfern与Mccurry（2018）以及Maxwell（2016）均表明Bartle分类法的应用可以加强教学过程中的学习效果。总之，大量研究显示引入Bartle分类法可以增加用户的参与度。此外，Falk与Dierking（2013）提出，调查博物馆用户的与身份相关的参观动机是了解游客的有效方法，这进一步证实了将Bartle分类法应用于博物馆用户研究的可行性。

回顾文献综述中有关玩家类型的问题，玩家是游戏化的核心，因此Bartle根据用户人格将玩家分为四种类型。在这项服务体验研究中，特别确定了四个用户画像，分别代表不同类型的参观者，包括成就者、社交者、探索者和攻击者，以期了解他们各自不同的动机。通过这一创新的用户画像选择过程，我们所选的参与者与研究问题密切相关。

一般认为，使用游戏化的基础是将体验变成一种类似游戏的活动。因此，大多数游戏化研究侧重于游戏元素，如分数、级别、排行榜、徽章、挑战/任务（Zichermann et al., 2011）。例如，在博物馆的游戏化设计方面，Döpker等（2013）在其文章中介绍众多出色的基于奖励的博物馆游戏化案例。此外，知名企业如IBM（国际商业机器公司，世界上最大的IT公司）、Deloitte（德勤，最大的跨国专业服务网络）和SAP（思爱普，德国大型跨国软件公司）也将游戏化应用于内部培训服务（Vallarino et al., 2020）。然而，如Nicholson（2015）所言，游戏机制主要侧重于外在意图，即短期目标。相对而言，在第2章文献综述提出的有意义的游戏化中，内在动机比外在动机更具吸引力。秉持以用户为中心的内在动机理念，Bartle坚持玩家是游戏化的起点，从而确定了将四种玩家类型作为一种人格模型。本项目进一步改编 Bartle 提出的玩家类型模型，为选择基于游戏化用户画像提供了理论依据。

在游戏心理学领域，关于玩家个性和游戏风格的研究中涌现出许多模型，研究者一致表明这些模型均基于 Bartle 的玩家类型分类法。通过广泛调查相关文献，发现最早的、引用最多的、最持久全面和有影响力的游戏风格模型也是 Bartle 玩家类型分类模型。因此，Bartle 的分类法及其对受众理解的方式成为后续众多游戏化研究的基石。Vallarino 等（2020）的研究发现，在企业内部培训中应用 Bartle 玩家分类法能够使用户参与度最大化，而 Redfern 与 Mccurry（2018）、Maxwell（2016）等研究还表明，在教学过程中采用该分类法可以加强学习效果。除此之外，最新研究表明，将 Bartle 分类法运用于虚拟现实和增强现实游戏中，能够更深入地理解玩家行为和体验。同时，社交媒体和在线社区中也能应用该玩家分类法，以更好地定制用户体验和促进社区互动。总之，Bartle 玩家分类法在企业培训、教学以及虚拟现实等多领域的应用，有效提升了用户参与度和学习效果。此外，前文中 Falk 与 Dierking（2013）在博物馆研究中提出用户的身份相关访问动机是了解访问者的有效途径，从而再次验证了将 Bartle 分类法应用于博物馆用户研究的可行性。这突显了 Bartle 模型不仅在传统游戏中具有广泛应用，同时在不断发展的数字社交环境中也展现出强大的适应性，成为跨领域用户研究有力的理论支持和实用工具，为我们深入理解和定制用户体验提供了新的视角和可能性。

3.5.2　Bartle 玩家分类法测试问卷

不同的个体可能对品牌产生不同的认知，因为品牌是个体对产品或服务的直觉感受。在探索不同类别用户对博物馆服务体验的动机时，本书采用了基于玩家类型理论的 Bartle 游戏心理测试，以识别用户画像。在前述的 Bartle 玩家类型分类法中确定了四种玩家类型作为人格模型：成就者（A）、社交者（S）、探索者（E）和攻击者（K）（在博物馆背景下本书作者将杀手"killer"重新命名为攻击者"attacker"）。改变"killer"这个名称的原因很简单，因为在博物馆体验研究的背景下，"killer"这个词不太适用。简而言之，成就者追求结果，社交者喜欢合作，探索者寻求理解，攻击者渴望胜利。这四种由 Bartle 确定的玩家类型将有助于本书利用访问者的动机来深入探讨博物馆用户体验。

基于 Bartle 建立的分类法，Andreasen 和 Downey 开发了 Gamer DNA 测试，以识别受试者在一组玩家中占主导地位的游戏风格偏好。根据其早先 2013 年的数据统计，该测试已经收集了超过 20 万名受试者的数据，如今的受试者数量早已远超这个数字。然而，这个版本的 Bartle 测试目前已经下线。因此，基于与 Gamer DNA 测试相同的基础数据 / 问题，格拉斯哥大学的 Matthew Barr 博士开发了他自己的版本。

本书作者通过电子邮件多次与 Matthew Barr 博士进行沟通并得到了他的允许，他授权本项目使用上述在线测试。在这个沟通过程中，他通过电子邮件为我们提供了该测试的问题库和构建测试的一些原则。本书参考广泛的资料，特别是在与 Matthew Barr 博士的电子邮件沟通中，我们了解到用于测试的问卷题库总共有 39 个问题，如图 3.2 所示，每种组合的数量如下：S/A（7）、S/E（6）、S/K（7）、E/A（6）、E/K（7）和 K/A（6）。其中，A 代表成就者 (achiever), S 代表社交者 (socializer), E 代表探索者 (explorer), K 代表杀手（killer），如前文所述，在博物馆背景下，本书将杀手"killer"重新命名为攻击者"attacker"。每次测试中，由网站脚本随机选择 30 个问题，并确保每个玩家类型组合的问题数量相等。通过这种方式，每一个选择都与特定的玩家类型偏好相关联。因此，问卷的工作原理是对两种不同的 Bartle 游戏风格偏好进行组合提问（例如，社交者和成就者），然后将 39 个答案的分数相加以计算测试的得分。

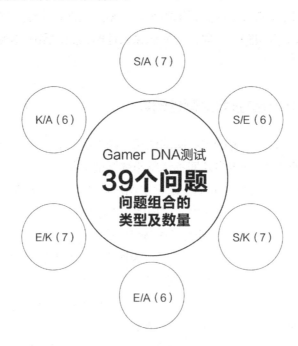

图3.2　Gamer DNA测试中问题组合的类型及数量

以下是带有一个问题和两个备选答案的摘录示例：如果参与者在以下社交者与成就者的问题中选择了第一个选项，他将为自己的社交者（S）偏好得分添加一分；相反，如果选择了第二个选项，将为成就者（A）偏好得分添加一分。

作为多用户虚拟空间游戏的玩家，哪件事会让你更舒服：

A. 在小酒馆和朋友聊天（+1S）

B. 为了经验值，自己一人出去打怪兽（+1A）

Bartle 测试的结果被称为"Bartle 商数"。作为一种人格类型测试，该测试将根据参与者对测验问题的回答，为其分析出所倾向的人格类型。同时，测试结果还包括百分比，通过百分比来显示相对于其他三个人格选项，参与者在一定程度上更加倾向于某种人格。具体来说，"Bartle 商数"根据测试答案计算，这些答案在四个偏好类别中共计达到200%，其中任何一种风格不能超过100%。例如，一个用户的结果可能是"100% 社交者，50% 探索者，30% 成就者，20% 攻击者"，这表示玩家参与游戏的动机更多的是合作或与他人互动（S，社交者），而对其他风格不感兴趣。

3.5.2.1　将受访者分为四类

将受访者（或被调查者）进行分类的第一步是选择参与问卷调查测试的人。为了方便起见，被邀请填写 Bartle 测试在线问卷的参与者是本书作者教授的本科生（大一和大二学生），总计126名学生。通常情况下，使用这种便利性方法，研究者很可能获得很高的问卷回应率。如方法论中所解释的，与陌生人之间的关系不同，教师和学生之间的协调在一定程度上减少了潜在的"观察者效应"，使后续基于这些用户生成的数据更加可信。具体来说，观察者效应指在被观察者知道自己正接受观察时，其行为或反应受到外部影响，而呈现出不真实的情况。熟悉的关系通常伴随着更强的信任和更多的互动，有可能使被观察者感到更加放松，减轻其在实验或调查中受到观察时的紧张感，从而更为真实地展示其行为和反应。因此，选择熟悉的人作为受访者可能更有利于获取更加真实和可靠的研究数据。

在进行问卷调查之前，研究者首先与每个班级预约时间，并在学校的教室中召开了研究说明会议。在会议期间，研究者向所有人发送了一个可以跳转到测试问卷的链接。向受访者发送问卷并不是会议的最重要目的，关键是向他们解释研究计划、测试目的以及在技术层面上如何操作。

考虑到用于 Bartle 测试的在线问卷采用英文编写，而部分中国学生可能并不擅长英文，我们提前将原始问卷翻译为中文版本，并通过 Microsoft Office Word 文档发送给学生供学生对照。在此过程中，我们还特地邀请了一位精通中英文的专家对翻译版本进行校验，并出具了公证书。至于答题任务，为了方便学生参与，允许他们在会议后的适当时间内完成。我们要求参与受试的学生通过微信以截图的形式将测试结果发送到小组群，以便收集大家在线分享的测试结果。

例如，图 3.3 显示了一位受访者的测试结果，为"80% 成就者、47% 攻击者、40% 探索者和33% 社交者"，表明这位受访者将积分获取和提升级别视为主要目标，而非受到其他兴趣风格的主导。因此，根据其最高得分项目（80% 成就者），此参与者被视为成就者。

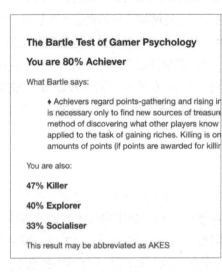
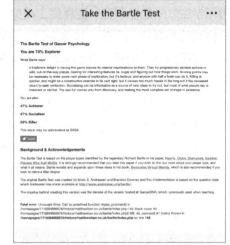

图3.3　部分测试结果截图

最终，多数学生都完成了测试并提交了测试结果的截图，共收集到了来自 6 个班级的 126 名学生的 99 张测试结果截图。进一步审视这些截图，可以发现每一张都是学生们对测试认真参与的具体证明，呈现了研究者深入了解学生玩家心理特征的过程。

接下来，研究者精心使用 Microsoft Office Excel 软件对这些丰富的测试结果进行了有序分类，这需要一定的专业技能和耐心。从最初的 99 个结果中得到了 122 个细分的结果。将每位参与者在四个不同分类中的得分（问卷结果以百分比形式呈现）分别输入到 Excel 表格的四个列中，为后续分析和解读数据奠定了清晰的基础，表 3.2 呈现了这一统计结果的一部分。结合手动和自动分类方法，研究者通过多次仔细审视，确保每位参与的学生都得到了准确的分类。在这个分类过程中，研究者秉持着高度的严谨性，以确保结果的可信度。通过这一过程，每位学生都得到了相应玩家类型的确切归属。这个细致入微的过程在研究者的耐心引导下完成，也在一定程度上反映了研究者与受访者之间建立的良好合作关系。

值得一提的是，研究者担心个别学生对于在最终论文中公开他们的全名表示担忧，当然这种担忧在研究者看来是可以理解的。为了保护参与者的隐私，在论文中采用了学生的化名（姓名各字拼音的首字母），以确保他们的个人信息得到妥善保护。

有趣的是，在测试结果中发现，一些受访者拥有两个或更多得分相等的主导特征，这决定了他们综合类型的整体偏好。例如，在表 3.2 中，受访者 ZCHD 的测试结果显示"53% 社交者，53% 探索者，53% 成就者，40% 攻击者"。因此，ZCHD 被分别划归到了三种类型的统计结果中。然而，考虑到该受访者在每个分类中的百分比相对较低，因此这并不影响基于最高分排名进行最终用户画像的选择。与 ZCHD 类似，还有几个受试者的测试结果同样被归类为两种或三种结果，这也是该调查从 99 个初始结果中得到了 122 个结果的原因。在结果统计过程中，另一个特殊情况是一个参与者有两个相同的最高分项，对此研究者准备了两种方案：①将对该参与者进行访谈，了解他更倾向于哪种玩家风格。②由于每个测试中的问题是由脚本随机选择的，这意味着同一参与者每次参与测试时都会遇到略有不同的问题。因此，可以邀请参与者重新参与测试，甚至可进行多次测试，然后取几次测试的平均分。当然，这两个方法也可以结合使用。以上说明了受访者主导的游戏动机可能同时无差别或有差别地涵盖几种不同类型，进一步证明了 Zichermann 与 Cunningham（2011）在他们的研究中提到的"一个玩家可以同时具有所有四种类型的特征"。然而，他们也表示，大多数人仍然只在其中一种类型的特征中脱颖而出。

表 3.2　测试结果的统计摘录

122个结果	S社交者 （socializer）/%	E探索者 （explorer）/%	A成就者 （achiever）/%	At攻击者 （attacker）/%
社交者 (37)				
CXY	87	67	47	0
GQ	80	53	13	53
YZH	80	47	20	53
ZCHD	53	53	53	40
...				
探索者 (33)				
CHHF	60	93	40	7
ANLJ	60	87	20	33
ZHBH	60	80	27	33
ZCHD	53	53	53	40
...				
成就者 (28)				
ZHMW	33	40	80	47
CHNB	40	27	80	53
YSQ	33	27	73	67
ZCHD	53	53	53	40
...				
攻击者 (24)				
WUHJ	53	20	40	87
HRL	53	20	47	80
YQ	20	40	60	80
LHY	13	60	47	80
...				

最终，在对 122 个测试结果进行细分后，研究者发现各类受访者的数量分别为：37 名社交者、33 名探索者、28 名成就者和 24 名攻击者。

3.5.2.2　选择四个理想的用户画像

在讨论了如何将受访者分为四个类别之后，接下来将探讨从上述候选人中选择四个理想人物的方法。如上所述，根据受访者在四个类别中测得百分比最高的类别来判断他主要属于哪种玩家类型。然而，目前的结果是在每个类别中有多个不同的人物。如何从众多的候选人中选择出四个最合适的人物画像是这部分内容要解决的问题。坦率地说，这是一个不断缩小人物画像选择范围的过程。

首先，研究者从每个类别 S（社交者）、E（探索者）、A（成就者）和 At（攻击者）中选择了几个最有可能成为最终人物画像的候选人，即在每组列表中，研究者最初关注排名靠前且得分较高的候选人。之所以关注少数候选人而不仅仅是最高分，是因为后续使用了测试结果几个分数的分数差、玩游戏的频率、测试结果与真实动机的一致性等其他多个标准，以增加人物画像选择的合理性。

展开来说，除获得高分这一标准外，另一个基本标准是最高分与第二高分之间的差异，差异越大越佳。基于此，研究者使用 Microsoft Office Excel 计算了每位受访者的最高分减去次高分（第二高分）的差异，此处获得"高分数差"的受访者也受到关注。在将主要标准"最高分"和第二标准"高分数差"相结合后，研究者经讨论后制定了进一步缩小候选人的两个同时不可或缺的标准：①某类别的百分比（最高分）大于或等于 80%；②最高分与第二高分之间的差异大于或等于 20%。根据这两个标准，作为更小范围的用户画像候选人，研究者选择了三名社交者、两名探索者、两名成就者和四名攻击者（表 3.3）。

其次，在不断缩小人物画像范围的过程中，研究者与这些候选人取得联系，通过面对面简短访谈和微信访谈进一步缩小了候选人的范围。正如 Creswell（2009）的观点，将定性研究结果与定量结果结合，能降低使用单一方法的局限性。第一个问题是："您是否理解该问卷并且是自己完成问卷的吗？"对于这个问题，11 名候选人中有 10 人回答"是"，只有一位候选人（HRL）由于无法打开测试页面，因此请朋友代为完成问卷。因此，未亲自回答问题的这位候选人被"淘汰"。尽管如此，研究者仍继续对该候选人提问后续的问题，以做出全面的判断。

再次，由于选择范围的缩小是一个不断深入的过程，进而提出第二个问题："测试结果与您的动机一致吗？"对于这个问题，如表 3.3 所示，除了三个人回答为"不确定"或"不知道"外，其他受访者都表示测试结果与他们的动机一致。即使回答"不确定"或"不知道"的候选人也不能立即被排除，因为他们的回答

表 3.3 四个理想用户画像的选择

候选人	四类玩家的风格偏好/%				最高值减去次高值/%	您是否理解该问卷并且是自己完成问卷的吗？	测试结果与您的动机一致吗？	您玩游戏的频率是？ 1. 非常频繁 2. 经常玩 3. 有时玩 4. 很少玩 5. 极少玩 6. 从不玩	被选为用户画像
	S	E	A	At					
社交者	≥80				≥20				
CXY	87	67	47	0	20	√	√	2. 经常玩	√
GQ	80	53	13	53	27	√	不确定	5. 极少玩	
YZH	80	47	20	53	27	√	√	4. 很少玩	
探索者		≥80			≥20				
CHHF	60	93	40	7	33	√	√	3. 有时玩	√
ANLJ	60	87	20	33	27	√	√	3. 有时玩	
成就者			≥80		≥20				
ZHMW	33	40	80	47	33	√	√	3. 有时玩	√
CHNB	40	27	80	53	27	√	√	5. 极少玩	
攻击者				≥80	≥20				
WHJ	53	20	40	87	34	√	不确定	6. 从不玩	
HRL	53	20	47	80	27	×	不知道	6. 从不玩	
YQ	20	40	60	80	20	√	√	3. 有时玩	√
LHY	13	60	47	80	20	√	√	3. 有时玩	

并不意味着测试结果与他们的动机不一致，可能是他们对自己不太了解。从后续问题"您玩游戏的频率是？"中得知，他们之所以给出这样的答案，是因为他们极少或从不玩游戏。

最后，提出最后一个问题："您玩游戏的频率是？"为了让受访者更容易回答这个问题，研究者提供了一组基于语义差异量表的答案选项，从"非常频繁"到"从不玩"，以确定参与者玩游戏的频率。如表 3.3 所示，除了没有人选择"非常频繁"

之外，其他几个选项都有被受访者选择。具体来说，几乎一半的受访者选择了中间值"有时"，表明他们中的大多数人曾经玩过游戏。如果这些候选人被选为该研究项目的人物画像，将有助于他们在后续观察和访谈等活动中提供一些关于游戏化的见解。

对于上述两个百分比数值（最高分和次高分）及三个访谈问题的答案，如果研究者仅仅参考其中一个因素，将无法在画像选择中形成完整意义。因此，有必要综合考虑所有可能的因素来进行理想角色的选择。例如，当确定成就者的人选时，该类别中的两个候选者得分相同。然而，对于 ZHMW 而言，最高分和次高分之间的差异高于 CHNB。此外，ZHMW 毫不犹豫地表示她平时有玩游戏的习惯，因此最终确定 ZHMW 为成就者的最佳人选（表 3.3）。

在确定攻击者的角色时，尽管有两位候选者的百分比值很高，但他们从不玩游戏。因此这导致他们不确定测试结果是否与他们的内在动机一致。如表 3.3 所示，在排除这两位从不玩游戏的候选者后，其他两位候选者在所有方面都是相同的。在这种情况下，研究者与这两位候选者进行了深入沟通，发现 YQ 对游戏有更深刻的理解。此外，研究者发现他在回答问题时非常果断和具体。例如，他毫不犹豫地告诉研究者测试结果与他的动机一致，并且他告诉研究者他每天玩大约两个小时的游戏（研究者无需询问具体时间）。因此，YQ 被确定为攻击者的最佳人选。

3.5.2.3　四位用户画像的背景介绍

通过引入基于玩家类型理论的 Bartle 玩家心理测试，本书研究者成功确定了四个理想角色作为后续博物馆研究的用户画像。接下来，研究者将为每个角色编制一张卡片以描述他们基于游戏化的独特动机（图 3.4～图 3.7）。

虽然这四位同学均已签署作为项目受试者的同意书，但是如前所述，研究者担心其中一些同学在最终报告中不愿透露真实姓名和面孔。因此，研究者在上述卡片中再次采用了化名。同时，他们的眼睛被打上了马赛克。

总的来说，本节深入探讨了用户画像选择的详细过程以及四个人物的背景。为了研究在游戏化背景下的博物馆服务体验，我们招募了代表着共同兴趣群体的四个角色。在这一过程中，我们采用了基于玩家类型理论的 Bartle 玩家心理测试来确定用户画像。通过微调的 Bartle 测试问卷，我们从六个班级的学生中收集了99 份测试结果，逐步确定了最终的四个理想的基于游戏化的用户画像，这是一个不断缩小人选范围的过程。在整个选择过程中，我们注重了参与者的游戏体验和动机，以确保最终的用户画像具有代表性和实际可行性。这一过程不仅仅是数据

CXY

社交者

姓名	CXY
年龄 / 性别	19岁 / 女
职业	大学一年级学生
手机系统 / 品牌	Android 安卓 / Xiaomi 小米
生活方式	偶尔玩 cosplay（角色扮演），参加漫展认识新朋友
Bartle 测试结果	SEAK (87% socializer, 67% explorer, 47% achiever, 0% killer)
游戏风格偏好	模拟养成游戏，多结局游戏
最喜欢的游戏	王者荣耀、和平精英、食物语

体验目标

通过不同的沟通选项解锁不同的结局；
通过语音聊天结识不同的人。

个人宣言

我喜欢与来自不同地方的人交流。

图3.4　用户画像卡片：社交者

CHHF

探索者

姓名	CHHF
年龄 / 性别	21岁 / 男
职业	大学二年级学生
手机系统 / 品牌	Android 安卓 / Vivo 维沃
生活方式	读书
Bartle 测试结果	ESAK (93% explorer, 60% socializer, 40% achiever, 7% killer)
游戏风格偏好	故事型游戏
最喜欢的游戏	这是我的战争，以及包括 Galgame（美少女游戏）在内的多结局游戏

体验目标

解锁所有故事线索或故事结局以了解差异；
探索或解锁彩蛋（彩蛋是隐藏的游戏功能或惊喜）。

个人宣言

努力学习，每天都在进步。

图3.5　用户画像卡片：探索者

ZHMW

成就者

姓名	ZHMW
年龄 / 性别	23岁 / 女
职业	大学二年级学生
手机系统 / 品牌	iOS 苹果操作系统 / iPhone 苹果
生活方式	在空闲时间观看一些有关游戏的视频或直播
Bartle 测试结果	AKES (80% achiever, 47% killer, 40% explorer, 33% socializer)
游戏风格偏好	竞技游戏
最喜欢的游戏	英雄联盟、反恐精英：全球攻势、王者荣耀

体验目标

在游戏中体验胜利并升级至王者级别。

个人宣言

寻找生活的快乐。

图3.6 用户画像卡片：成就者

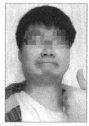

YQ

攻击者

姓名	YQ
年龄 / 性别	18岁 / 男
职业	大学二年级学生
手机系统 / 品牌	Android 安卓 / Xiaomi 小米
生活方式	我喜欢去不同的地方拍照，是一个名副其实的游戏爱好者
Bartle 测试结果	KAES (80% killer, 60% achiever, 40% explorer, 20% socializer)
游戏风格偏好	在线竞技游戏，带有排名系统的游戏
最喜欢的游戏	英雄联盟、彩虹六号、守望先锋

体验目标

在杀敌的过程中挑战他人，并使自己的排名更高。

个人宣言

如果你的游戏技能太差，那么你当然会被击败。

图3.7 用户画像卡片：攻击者

收集，更是对每个参与者背后故事和动机的深入了解。通过这样的细致挖掘，我们得以更好地理解用户的需求和期望，为博物馆提供更有针对性和引人入胜的服务体验。这一章节的深度剖析为后续研究和实践提供了坚实的基础，为设计和实施游戏化理念下的博物馆服务体验提供了有力的指导。通过这些细致入微的用户画像，我们期望能够更好地满足不同类型用户的需求，推动博物馆服务体验的创新和升级。

3.6　接触点选择

总体而言，选择特定语境是定性研究中的一种常见策略（Bryman，2012）。尤其在本项目改编后的快速民族志中，强调聚焦重要活动或任务，这种"聚焦"可以被看作特定任务分析（Millen et al.，2000）。在该理念的基础上，本研究将详述选择特定的博物馆服务接触点的理由。

任务分析是一种仔细研究用户在完成任务时所经历的确切步骤或进程的方法。这可以通过采访用户的经历故事，或者通过直接在实地观察中研究用户在其自然环境中的行为来完成（Garrett，2011）。

上面的表述明确了任务分析的定义和操作方法。在本研究中，接触点的识别虽然不必严格遵循 Garrett 的"确切步骤"，但需要遵循一定的结构。正如在前面两个章节中解释的那样，服务接触点可以分为三个阶段：服务前、服务中和服务后。这大致对应于博物馆体验的三个阶段：参观前、参观中和参观后。因此，为了更深入地探索博物馆参观者的用户体验，通过添加"时间线"，本研究的博物馆接触点识别将遵循上述三个参观阶段。

通过借鉴博物馆参观和其他领域不同阶段存在不同服务接触点的经验、案例，以及本书研究者在故宫博物院进行的详细现场考察和多次在线调查，本研究可以确定三个参观阶段的重要接触点。例如，Falk 与 Dierking（2013）提到了对游客计划参观时的一些关注（例如购票、交通）；刘军与刘俸玲（2017）详细说明了参观后阶段主要是分享交流、购买纪念品和娱乐服务；通过调查官方网站、公众号等得知，故宫三大殿拥有最大的人流量。对于选择一些特殊的接触点，我们也非常慎重。例如，三大殿拥有全景视图，而正在建设中的养心殿同样提供 VR 导览，这使得研究者能够全面分析用户的在线和现场体验。

值得注意的是，在参观前和参观后阶段，在线接触点更为有趣。所有在线接触点均来自故宫博物院提供的两个重要在线资源：故宫博物院官方网站和一系列由故宫博物院开发的移动应用程序。由于这两种类型的资源由博物馆自身提供，因此基本上确保了在线接触点的权威性和可信度。

随后，在生成数据之前，基于语义差异量表的体验卡片（我们也称其为接触点卡片）被设计制作出来。前面一个小节在受试者中所选择的四名用户画像可以在体验卡片中对应表情下的圆圈内填涂标记。具体来说，这五个表情选项从负面到正面依次排列，分别是"失望""不太好""好""非常好"和"极佳"。每个用户画像在参观博物馆的每个阶段都被发放一张这样的卡片，他们可以在体验博物馆的过程中手持卡片记录感受，以助于在后续的访谈中回忆这些经历和体验。图3.8～图3.10展示了在三个参观阶段持有的体验卡片。具体的服务接触点如下：

参观前

在线购票

交通路线

导览地图

三大殿全景版（全景故宫）

养心殿虚拟现实版（V故宫）

博物馆应用程序

参观中

从入口到三大殿

三大殿

养心殿

文创商店

餐厅

智能导览应用程序

参观后

在线购物

游戏

视音频资源

您的感受（参观前）　　　　　　　　　　　**用户画像：社交者**

服务（接触点）	标记您的体验	详细记录
在线购票	失望　不太好　好　非常好　极佳 ○　　○　　○　　○　　○	
交通路线	失望　不太好　好　非常好　极佳 ○　　○　　○　　○　　○	
导览地图	失望　不太好　好　非常好　极佳 ○　　○　　○　　○　　○	
三大殿全景版 （全景故宫）	失望　不太好　好　非常好　极佳 ○　　○　　○　　○　　○	
养心殿虚拟现实版 （V 故宫）	失望　不太好　好　非常好　极佳 ○　　○　　○　　○　　○	
博物馆应用程序	失望　不太好　好　非常好　极佳 ○　　○　　○　　○　　○	

图3.8　空白体验卡：参观前

您的感受（参观中）　　　　　　　　　　　**用户画像：社交者**

服务（接触点）	标记您的体验	详细记录
从入口到三大殿	失望　不太好　好　非常好　极佳 ○　　○　　○　　○　　○	
三大殿	失望　不太好　好　非常好　极佳 ○　　○　　○　　○　　○	
养心殿	失望　不太好　好　非常好　极佳 ○　　○　　○　　○　　○	
文创商店	失望　不太好　好　非常好　极佳 ○　　○　　○　　○　　○	
餐厅	失望　不太好　好　非常好　极佳 ○　　○　　○　　○　　○	
智能导览应用程序	失望　不太好　好　非常好　极佳 ○　　○　　○　　○　　○	

图3.9　空白体验卡：参观中

用户画像与博物馆用户体验

您的感受（参观后）　　　　**用户画像：社交者**

服务（接触点）	标记您的体验	详细记录
在线购物	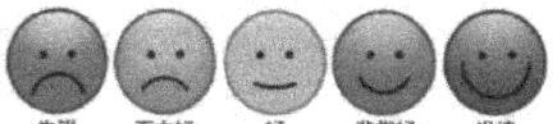 失望 ○ 不太好 ○ 好 ○ 非常好 ○ 极佳 ○	
游戏	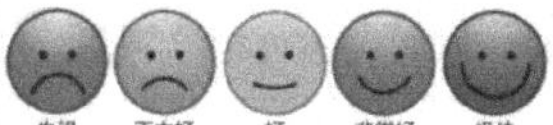 失望 ○ 不太好 ○ 好 ○ 非常好 ○ 极佳 ○	
视音频资源	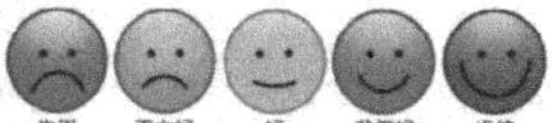 失望 ○ 不太好 ○ 好 ○ 非常好 ○ 极佳 ○	

图3.10　空白体验卡：参观后

3.7　数据收集流程

作为服务设计方法，改编的快速民族志实际上是一套用于这项研究的数据收集方法或步骤，包括一系列程序、所使用的工具或技术。为了方便理解，本书将这部分称为数据收集流程。

对于定性研究中的数据收集，Strauss 与 Corbin（1998）表明了他们自己的理解："通过从不断发展的理论中提取的概念，以及基于'进行比较'的想法，数据收集的目的是了解各种地方、人或事件，以最大程度地发现概念之间的变化，并深入了解它们的属性和特点。" 基于对快速民族志和传统定性数据收集方法的理解，以及收文献综述中所提到的调查用户体验的方法（说、做和创造）的启发（Sanders，2002），本研究采用了实用而独特的服务调查工具，以帮助本书研究者更全面地理解用户的服务体验。

服务设计通过一系列侧重于观察、访谈和用户参与的活动来实施。虽然没有明确规定一项指南来说明要使用哪些工具或方法，但其方法学基本分为三个阶段：

观察、理解／思考，以及实施（Marquez et al.，2015）。

　　从上述的阐述中可以看出，观察、访谈和用户活动都被视为数据收集过程中的关键词。Garrett（2011）还强调，可以通过采访或在实地进行直接观察来进行任务分析。同时，Paulus 等（2014）指出，要考虑自然发生的数据（例如观察）和研究者生成的数据（例如访谈），这将有助于回答研究问题。这也表明，通常在定性研究中，数据收集过程使用多个证据来源，而不仅仅依赖于单一来源。此外，值得强调的是，如果数据以不同寻常的方式收集，这可以引起读者的兴趣，并能捕捉到在其他形式的数据收集中容易忽略的一些有用信息（Yin，2011；Creswell，2009）。

　　这项调查采用服务设计工具启动数据收集程序。简要回顾用户体验调查的问题，文献综述中提到的"说－做－创造"模型被延伸为所有人都可以为设计作出贡献的概念，即参与式设计。因此，在这项探索性研究中将使用多个数据源，包括研究者生成的数据和参与者生成的数据（图3.11）。本研究中，基于服务设计方法，使用了通过观察（服务旅行和影子计划）和访谈（情境访谈，或称回顾性访谈）收集的三角互证（三角测量）数据。其中，情境访谈用于更好地了解特定群体的需求、情感、期望和环境，这对用户画像研究非常有帮助。此外，值得注意的是，在观察和访谈过程中使用了基于语义差异量表的体验卡片，有助于用户画像记录、回顾自身的参观体验。

图3.11　这项研究中使用了三角互证（三角测量）数据

具体来说，数据收集分为参观前、参观中和参观后三个阶段，这已在前几章中详细阐述。在整体流程中，服务旅行、影子跟踪（影子计划）和回顾性访谈贯穿这三个阶段，每个作为用户画像的用户都分别参与以上每个阶段的数据收集过程（图3.12）。同时，他们需填写体验卡片，并在合适的时机拍照。

3.7.1 项目说明简会

在选择了四个用户画像，确定了接触点，并确定了数据收集程序之后，研究者召集这四名参与者和一名助手（助手主要协助视音频录制），在收集数据之前进行了一次简短的项目说明会议。通过这种方式，使每个人都了解了研究的需求和大致时间表。

会议包括向他们解释四个选定人物的角色和任务，以及助手在工作过程中应注意的事项等内容。这一初始安排确保在进一步进行收据采集之前，每位参与者都已充分了解了项目。

应该注意的是，研究者提醒所有参与者，他们在这项研究中的参与是自愿的。他们明白即使现在同意参与，他们也可以随时撤回或拒绝回答任何问题，而不会带来负面影响。更为重要的是，本书研究者得到了他们的许可，即每个人都同意他们的行为和言论被视频、音频、照片或笔记记录，有时可能会被逐字引用。此外，他们明白在过程中产生的数据可能会公开被引用。在会议结束前，四名参与者均签署了参与研究的同意书。

3.7.2 数据收集：参观前和参观后

以往的研究已经明确指出，服务设计过程的核心是用户及对用户行为的深刻理解，因此一手数据来自实地观察（Roto，2018；Melnikova et al.，2018；Segelström et al.，2009）。换言之，观察利用了更直接的视觉证据（Denscombe，2007）。如前文所述，在观察的总体范畴下，我们主要采用了服务旅行和影子计划作为主体方法进行数据的收集方法，以便研究者能够更为深入地了解参与者的体验。通过将服务旅行和影子计划方法与深入的回顾性访谈相结合，以交叉检验观察到的情况。这些服务设计工具的使用，实际上是研究者试图理解人物采取特定行为背后的原因，以及他们的动机和建议（Stickdorn et al.，2018）。受到 Stickdorn 等人的启发，在上述过程中，我们还使用了带有接触点的体验卡片来帮助受试者回顾过去的经验。

在这项研究中，四个参与者按照参观前、参观中和参观后的顺序体验了故宫博物院的服务接触点。在参观中这一过程中，他们作为真实的用户画像，需要亲临博物馆进行服务冒险，并可能接受影子跟踪。相反，参观前和参观后阶段的调查则通过智能手机等设备在虚拟环境中完成，无需亲临博物馆。由于参观前和参观后阶段在数据收集方法上有很高的相似性，因此本节将这两个阶段合并讨论，而不是完全按照数据收集的三个步骤（参观前、参观中和参观后）的顺序进行。

正如图 3.12 所示，研究者首先在参观前和参观后阶段使用服务旅行方法，并通过屏幕录制生成数据。在这两个阶段，研究者记录了单个角色的活动以"跟踪"它们。这里有必要明确服务旅行的含义。根据 Stickdorn 等（2018）的观点，服务冒险是指派一组人进行关于特定体验的自我民族志调查。为了让个体在独自体验特定产品或服务时完全融入其中，通常需要他们观察并进行言语交流，以表达他们的感受。自我民族志一般通过线上平台，让受访者展示他们线上生活中的一部分，这并不属于传统意义上的民族志，它是一种创新研究技术。总之，从文献中可以看出，服务旅行这一工具主张从用户的角度体验服务。

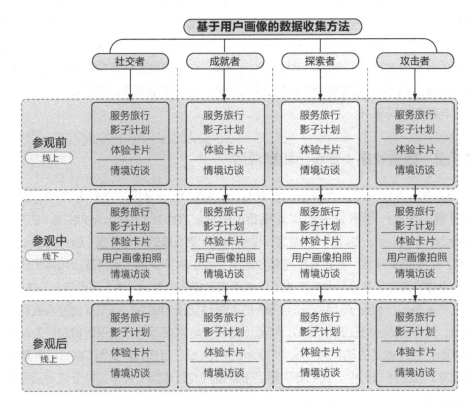

图3.12　数据收集程序和服务设计工具

考虑到当前主流的使用习惯，本研究中的在线服务旅行工具使用智能手机而非计算机。因此，四个参与者通过操作智能手机或 VR 眼镜在研究者的办公室环境中进行在线服务旅行体验任务。在这期间，每次只有一个参与者进行线上体验。最终，四个用户画像在虚拟环境中度过了整两天。关于服务接触点，如前述的体验卡片所示，参观前的体验活动包括六个单元：在线购票、交通路线、导览地图、三大殿全景版（全景故宫）、养心殿虚拟现实版（V故宫）及博物馆应用程序。而参观后阶段则包括三个单元：在线购物、游戏和视音频资源。这期间会对手机上的体验活动全程录屏。同时，他们还会随手填写体验卡片以记录自己的感受。每个单元结束后，作为用户画像的参与者会休息一下。图 3.13 为受试者 CXY 在参观博物馆之前预先体验博物馆在线购票系统，图 3.14 为受试者 YQ 在参观博物馆后，兴致勃勃地体验故宫博物院开发的在线游戏《九九消寒图》。

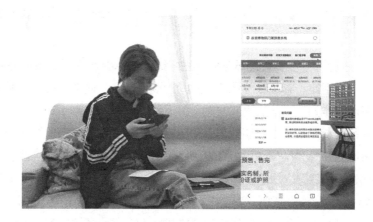

图3.13　参观前：作为用户画像的受试者CXY在体验博物馆在线购票系统

图3.14　参观后：作为用户画像的受试者YQ在体验博物馆在线游戏

正如本节中提到的，当他们进行服务旅行时，研究者会通过影子计划录制其在线活动以"跟踪"他们。由于服务体验设计以用户真实体验为中心，因此为"跟踪"行为提供了一种新的视角，使研究者能够从被跟踪者的角度深入了解他们的体验。从历史上看，影子计划这一方法起源于20世纪50年代的管理研究和亨利·敏茨伯格（Henry Minzberg）对结构化观察的迭代优化，其所获得的数据是传统方法（如观察和日记研究）无法提供的与跟踪相同深度的背景信息或细节。从实施的角度来看，在同一时间内，影子计划明确地专注于单个个体的活动和观点，这是一种参与观察的形式（Stickdorn et al.，2018）。

影子计划是指研究人员"跟踪"研究对象（主要是顾客），随时间推移并通常也穿越其生活的物理空间，如同影子一样，观察他们的行为，了解他们的一切行为过程和体验。这种方法能够揭示那些仅通过简单访谈所无法发现的见解，要么是因为参与者没有说实话（例如由于社会压力），要么是因为他们对自己的行为缺乏意识（Stickdorn et al.，2018）。

上述表达揭示了影子计划的概念和产生背景，Stickdorn等（2018）还指出，与其他形式的观察相比，影子跟踪通常在时间上要短得多，通常的持续时间从几分钟到几小时不等。作为一对一的研究方法，影子跟踪明确地聚焦于一名个体在特定时间和地点的行为和观点，涉及研究者（跟踪者）在较长时间内密切跟随成员（被跟踪者）（Mcdonald, 2005; McDonald et al., 2014）。为了获取简短、无序、多样和口头的数据，观察者可以跟随参与者到传统观察无法涵盖的地方。正如Vásquez、Brummans与Groleau（2012）指出，影子跟踪是一种移动数据收集方法。

本书中的"在线影子计划"作为通过物理空间进行影子计划的一种改编，将用于指代研究者通过共享的屏幕跟踪特定角色以观察其在线活动。为了避免遗漏关键信息且便于后续回放，现阶段研究人员要求录制发生在用户手机屏幕上的一切，而暂未对哪些内容更为重要做出决策。

对于录制工作，一方面，每个角色使用手机内置的屏幕录制程序来记录他们屏幕上正在进行的活动。另一方面，在助手的协助下，专业级摄像机用于记录被跟踪人的行为，如言辞、肢体语言和表情（图3.15）。此外，研究人员和助手还借助外部麦克风录制音频，以提高音质。在此期间，每个角色都会得到一张印有服务接触点的体验卡片，然后会在卡片上相应的服务接触点后面简要记录正面或负面的体验，或当时的其他感受。在随后进行的回顾性采访中，用填写的体验卡片作为提醒有助于受访者回忆当时的体验。由于该研究涉及国际学者的参与及指导，因此图3.16中，该体验卡片被设计成英文版本供受访者使用。

图3.15　摄像机用于记录被跟踪人的行为

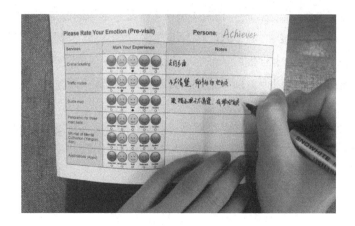

图3.16　受访者简要记录在线体验过程中的体验与感受

在访问前和访问后两个阶段，每个角色完成服务旅行后，研究人员完成影子跟踪，通常会生成多个视频。对于访问前阶段，为每位参与者生成六个录屏视频和六个受访者行为观察视频。而对于访问后阶段，则为每位参与者生成了三个屏幕视频和三个受访者行为观察视频。换句话说，为每位用户画像体验的每个服务接触点生成一个屏幕视频和一个行为观察视频，并且两个视频在时间上同步。最后，为了方便后期的视频分析任务，每个角色的两个视频被导入视频编辑软件 Adobe Premiere 中，并将两个视频以画中画的形式合成在一个视频窗口中（图 3.17）。这是通过用易于管理的数字文件替代纸质数据来组织数据的一种方法。

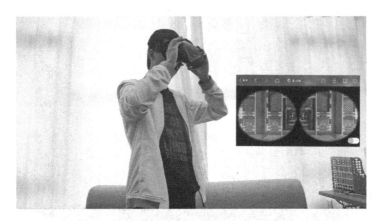

图3.17　录屏视频和受访者行为观察视频被合成到一个窗口
(受访者借助VR眼镜体验博物馆在线服务)

　　在这项研究中，服务旅行、影子计划与深度的回顾性访谈相结合。McDonald
与Simpson（2014）指出，一些研究人员在影子跟踪结束时会准备一些问题进行回
顾性访谈。这与Vásquez等（2012）所说的"我要求受访者在进行工作时口头表
达他们正在做的事情"十分相似。然而，在这项研究中，为了避免干扰参与者，访
谈并未与影子计划同时进行。换句话说，鼓励被跟踪者尽可能保持专注而不是被提
问。因此，回顾性访谈在服务旅行和影子计划结束后进行（图3.18）。在回顾性访
谈中，受访者回顾并表述他们在各个服务接触点的体验。研究发现，受访者填写的
体验卡片对于受访者在接受访谈时回顾过去的体验非常有帮助。

图3.18　进行回顾性访谈

依据体验卡片上的接触点，研究人员尝试向受访者询问他们曾有过的具体体验，并获取实际经历的详细信息。当受访者引用具体的案例时（如具体到某一接触点），通常比用更笼统的术语描述体验更容易表达感受和收获。本研究以半结构化、一对一的形式，对四个受访者分别进行了面对面的、相对深入的回顾性访谈。半结构化回顾性访谈的实施不仅回答了本研究中的具体问题，而且受访者有很大的自由度，可以通过探讨更加灵活的问题来给出丰富的解释。

在半结构化访谈中，访谈者仍然需要明确要解决的事项和需要回答的问题。并且，半结构化访谈中，访谈者要在考虑主题的顺序上更加灵活，而且或许更为重要的是让受访者能够深入探讨研究者提出的问题，并发展出更广泛的观点。答案是开放式的，更加注重受访者对兴趣点的详细阐述（Denscombe，2007）。

上述表述中提到了开放式答案，这与 Nielsen（2002）、Farrell（2016）和 Schade（2017）提出的"在用户研究中提问开放式问题"的观点一致。以下是 Farrell 观点的部分摘录。

当你提出封闭式问题时，很可能无意中将某人的回答限制在你认为正确的范围内。而开放式问题最主要的优势在于，它们能够让你发现超出预期的信息：受访者可能分享你未曾预料到的动机，并提及一些行为。

如上述观点所示，参与者提供的无偏见反馈对用户研究至关重要，而引导性问题可能导致带有偏见的答案。因此，在该研究的回顾性访谈中，研究者试图使用更多开放式问题，比如"你遇到了什么困难？""你最想改变什么以及如何改变？""你对故宫博物院的现场服务有什么期待（引导受访者根据其因游戏风格偏好而产生的独特动机提出建议）？"等。

在访谈中，类似"5 个为什么（5 Whys）"这样的技巧有时用于深入了解底层动机或给出的建议。"5 个为什么"这一提问技术最初由日本丰田公司创始人丰田佐吉提出，意为如果发生问题，就问 5 次"为什么"（当然，不一定是 5 次），前一个问题的答案会引出一个新问题，最终找到问题的真正原因。在本研究中进行访谈时采用"5 个为什么"技术，每个问题都将帮助研究者更深入地了解主要影响用户体验的因素。例如，在必要时，研究者会针对特定问题向受访者不断提问以找到负面服务体验的根本原因。

除了记录声音外，研究者在访谈中还关注受访者的情绪，并观察其手势等身体语言。因此，为了在访谈中收集丰富的数据而不忽视细节，摄像机被用作视频录制工具，同时记录了访谈对话和受访者行为。

3.7.3　数据收集：参观中

　　上一节同时涵盖了参观前和参观后生成数据的过程，因为这两个阶段在数据收集方法上具有很高的相似性（在虚拟环境中进行调查）。而参观中这个阶段的不同之处在于受访者作为用户画像需亲临博物馆进行服务旅行并接受研究者的"跟踪"。由于在前文中解释过一些方法和工具，如服务旅行、影子计划、情境访谈（回顾性访谈）等，因此这些概念在本节中将不再详细阐述。

　　在进行实地参观期间的数据收集阶段，与参观前和参观后这两个阶段类似，研究者再次使用了服务旅行和影子计划，对受访者进行数据的收集，以此作为了解四个用户画像观点的综合手段。这表明研究者始终秉持一种原则，即从用户画像的视角探索博物馆服务体验，而非依赖研究者的主观判断。

　　在参观期间的数据生成中，研究者通过视频逐一记录了画像角色在预设服务接触点的体验过程。首先采用服务旅行法，让不同的用户角色对故宫博物院的特定接触点逐一进行自我民族志调查。为了获得高质量的视频，当用户进行服务旅行时，研究者采用基于影子计划的"跟踪"方式来观察"被跟踪"人，并录制其行为，如言辞、身体语言和表情，以作为相对客观的原始数据来源。录制任务由研究者和随行的其他受访成员共同完成。与上一节参观前和参观后这两个阶段一致，也要求受访者在这个过程中随手填写体验卡片以记录自己的感受（图3.19）。总之，这样的方法有助于更全面地了解参与者在博物馆体验中的互动和反应。

　　在博物馆现场，我们的服务旅行和影子计划都是在常规环境下进行的，以不干扰这一自然的参观状态。正式参观期间的现场接触点包括六个部分：从入口到三大殿、三大殿、养心殿、文创商店、餐厅、智能导览应用程序。通过这些接触点可以看出，在参观期间，我们主要通过影子计划这一方法直接观察受访者在不同实体空间中的服务旅行行为，同时也不排除与虚拟环境相结合的可能性，因为现场参观时有时会涉及手机地图导览、语音提示等功能。

　　参观期间，每个人物角色完成服务旅行，研究者完成基于影子计划的"跟踪"后，每个服务接触点都产生了相应的跟踪视频。为了便于后续视频分析任务，我们借鉴前面一节参观前和参观后两个环节的经验，将每个受试者六个接触点的视频导入Adobe Premiere并合并成一个视频。换句话说，为了更便于文件管理，最终基于选定的四个用户画像生成了四个现场跟踪视频（图3.20）。此外，这个正式参观阶段我们同样鼓励四个角色在服务旅行期间进行拍照，我们后续也收集了他们拍摄的照片。

图3.19　受访用户记录实地体验过程中的感受

图3.20　四个参与者的现场跟踪视频

　　为了从四个人物角色那里收集更加深入且更有价值的数据,并实现三角互证的目标,随后对他们逐一进行了深度回顾性访谈,以了解他们的观点、感受和经历等。回顾性访谈安排在服务旅行和影子计划的同一天,由于故宫博物院的环境嘈杂,因此是回到研究者办公室对四个受访者进行访谈的。整个访谈过程均被录制下来。

3.8 转录并准备数据

这一部分将转向数据的转录过程及数据分析前的其他准备工作，其中转录的主要任务是将录制的数据转化为文本以便进一步分析。这个转录过程包括将所有参观阶段录制的视频内容变成文本，对录制的访谈进行逐字记录，对体验卡片上的记录手稿重新整理、录入等工作。同时，研究者完成了对所有数据的阅读，并对整体情况有了初步了解。随后，研究者根据四个用户画像的类型进一步对收集到的数据进行分类。

对于转录，Paulus 等（2014）提出："录制的数据可被描述为对真实情况的精选摘要，而转录则是对录制内容进一步的选择性摘要。"在这一"选择性抽象"过程和后续的数据分析中，为了不偏离原始数据本身，研究者采用了 CAQDAS 程序（Computer-Assisted Qualitative Data Analysis Software，计算机辅助定性数据分析软件），它与原始数据文件链接并同步，以确保转录过程的透明度和可信度。此外，持续的自我检查、成员检查和专家检查也有助于提高数据的可靠性。

3.8.1 转录工具

在这项研究中，使用了 NVivo 软件这一 CAQDAS 程序，用于同步原始数据，以方便确认活动发生的环境，观察肢体语言和面部表情，或检查人物的措辞语气。此外，由于 NVivo 软件具有向视频文件添加时间戳的功能，这使得视频转录变得简单。基于 NVivo 的以上优势，研究者使用 NVivo 转录了在博物馆现场参观期间录制的所有视频（人物行为观察视频），以及在访问前后两个阶段录制的视频（录屏视频和人物行为观察视频的合成文件）。

除了上述录屏文件和人物行为观察视频之外，另一部分是回顾性访谈的视频录制，以及受访者在三个阶段使用体验卡片记录的个人体验。尽管在访谈期间使用的录音设备还算不错，但由于受访者的声音有时较小，或者偶尔有多个重叠的发言者，这使得使用 CAQDAS 程序自动识别声音变得困难。因此，研究者反复观看了这部分视频，然后在 Microsoft Office Word 中手动打字进行转录。至于体验卡片，由于手写字迹较难辨认，因此研究者同样使用手动方法将内容重新录入。

3.8.2 转录技术及可信度检查

在介绍了转录工具之后，接下来介绍两种转录技术和多种可信度检查方法。其中的可信度检查包含三个阶段的检查任务，以帮助提高本研究中的数据可靠性。

（1）选定部分的转录

如前文所述，在参观博物馆的三个阶段中产生了大量的数据。Paulus等（2014）提到，研究者为一小时的高质量录音创建逐字的转录，至少需要四个小时。在这种语境下，本书作者认为，时间戳技术是一种有效的手段，可聚焦于关键时刻的转录。

在检查和转录视频文件时添加时间戳可以帮助研究者聚焦识别关键阶段的言行。因此，本研究项目在NVivo软件中进行视频转录时，在视频窗口右侧添加了时间戳。在时间戳的右侧，研究者主要以描述性语言转录了与研究问题最为相关的关键片段（图3.21）。由于该研究涉及国际学者的参与及指导，该转录过程使用了英文，以方便团队交流。转录过程可以随着研究者浏览视频而播放和暂停，NVivo会自动添加新的行和时间戳。总之，本研究中的视频转录是基于时间跨度，通过从视频素材中选择关键时刻进行转录的方式完成的。

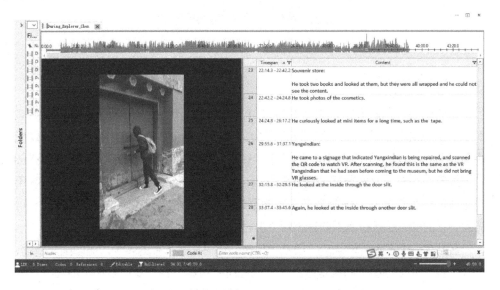

图3.21　在NVivo中通过添加时间戳对视频选定部分进行转录

此外，数据收集过程中鼓励受试者在服务旅行期间拍照以唤起回忆，这也是三角互证不同数据源的一种方法。因此，由受试者创建的照片也被导入到NVivo并进行了转录。在NVivo中，针对图像的分析界面包括图片和文字性注释两部分，方便研究者对照照片创建文本注释，以描述整张照片或照片的局部区域（图3.22）。由于该研究涉及国际学者的参与及指导，因此该转录过程使用了英文，以方便团队合作与交流。

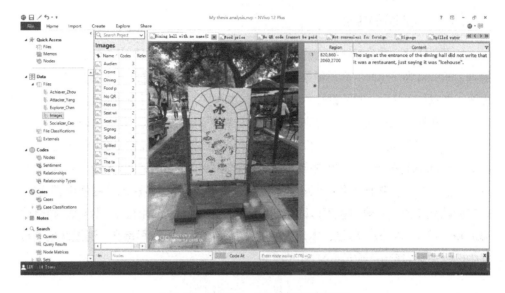

图3.22 在NVivo中对照片进行转录

（2）逐字转录

如前所述，在进行视频文件的转录时，研究者选择性地转录了一些关键内容。而在转录访谈内容时，研究者则进行了全文转录。这一步并未对内容的重要性做出决策，Paulus等（2014）称之为"逐字转录"方法。逐字转录的目的是尽量详细地记录所有细节，包括非标准语言和非语言行为。为了在语境中更加全面地理解用户画像的行为与心理，研究者多次对照原始数据重新检查了访谈录音。这样一来，转录一小时的访谈录音就需要超过六个小时的时间。

在结束访谈录音的转录后，研究者将转向讨论体验卡片的转录。正如前文所述，一些体验卡片上的手写内容难以辨认，因此研究者邀请四位受访者将其手写的文字重新输入到 Microsoft Office Word 中，以清晰获取他们的最初体验。然后，研究者逐字地检查，并和原始体验卡片进行对照。这个步骤是将手写的纸质卡片转换成电子文档形式，以使后续数据分析更加便捷（表3.4）。

（3）可信度核查技术

为了最大程度地避免在整个转录过程中出现明显的错误，研究者对三个阶段转录结果进行了精心核查，以确保其可信度。首先，由研究者自己逐字检查，期间再次将原始视频与转录文字进行关联对照，初步排除了错误。随后，研究者邀请了前

表 3.4　参观期间的体验卡片记录

您的感受 (参观中)	用户画像: 社交者	
服务（接触点）	标记您的体验	详细记录
从入口到三大殿	失望 ○　不太好 ○　好 ●　非常好 ○　极佳 ○	行动不便的人爬楼梯较为困难；宫内河水卫生状况较为不理想
三大殿	失望 ○　不太好 ○　好 ●　非常好 ○　极佳 ○	建筑入口处设置了护栏，有助于内部结构的保护，但内部景象不可见（希望有内部展示）
养心殿	失望 ○　不太好 ●　好 ○　非常好 ○　极佳 ○	正在维修（无法进入）；网络不好，没有信号，提供的虚拟现实功能扫码后无法使用；地图上没有标示养心殿的具体位置
文创商店	失望 ○　不太好 ○　好 ●　非常好 ○　极佳 ○	产品种类相对有限，部分品种较为相似，购买冰淇淋时无法选择微信支付
餐厅	失望 ○　不太好 ○　好 ○　非常好 ●　极佳 ○	空气流通性一般；菜品价格相对较高；场地面积较为有限
智能导览应用程序	失望 ○　不太好 ●　好 ○　非常好 ○　极佳 ○	网络不可用，几乎没有信号

述四位参与者，共同协助核查研究者转录信息的准确性和可信度。这一验证过程也被广泛称为"成员检查"（Creswell, 2009）、"受试者验证"或"成员验证"（Bryman, 2012）。此外，对"受试者验证"这种验证形式，Bryman进行了如下表述：

研究者向每个参与者提供一份关于他们在访谈和交流中对研究者说过的内容，或者是研究者在观察研究过程中通过观察该人物而得知的内容的说明。

在该转录核查过程中，作为用户画像的人物角色根据各自的受试活动对转录文本进行了详细检查。该环节中，研究者向每个参与者提供了一套转录结果，内容涵盖了参与者在访谈中表达的观点，以及研究者通过观察参与者而获知的内容。这一过程旨在进一步验证参与者观点的真实性与研究者对其理解的准确性（图3.23）。一旦发现与实际情况或自身意图不一致，他们会告知研究者修改转录。通过前面两个核查环节的层层检查，转录结果的可信度得到了显著提升。

最后，研究者邀请了该领域内的专家进行核查、修正。上述反复对比和检查的过程实际上也是"全面阅读所有数据"的过程。换句话说，在转录阶段，研究者不仅获得了数据的整体印象，还对其总体意义进行了反思，为后续的数据分析做好了准备。

图3.23　邀请参与者核查转录内容（成员检查）

3.9 数据分析

在本章中，研究者讨论了使用三角互证法来收集自然发生的数据（如观察）和研究者生成的数据（如访谈）的程序。现在进入数据分析阶段。数据分析的过程涉及从各种类型的数据中提炼出有意义的信息（Creswell, 2009）。正如 Hammond 与 Wellington（2013）所言："分析通常指的是将一个主题或对象分解为各组成部分，并理解这些部分如何相互关联。"Hammond 与 Wellington 还指出，对于分析，大多数学者都认同筛选数据、组织数据，以及理解数据内部关系这一观念。两位学者进一步讨论如下。

数据缩减：选择、整理、概括、编码，以及按主题进行排序、聚类和归类；数据展示：利用图像、图表或视觉手段组织、压缩和表达信息；结论得出：解释并赋予数据意义。

以上是 Hammond 与 Wellington 在其著作中分享的数据分析的三个简要步骤。此外，Creswell（2009）提出了一个多层次定性数据分析步骤，该步骤从具体的个别经验事件逐步概括和抽象为普遍的理论认识。借鉴这一观点，笔者在表3.5中制定了更为详细的步骤。

表3.5中所示的是理想的线性且层次分明的分析策略。而在实际中，数据分析过程并非按线性模式进行，它是一个迭代的过程。例如，在本研究中，编码数据、生成类别和主题呈现都是交叉循环进行的，而在转录和检查转录结果的过程中完成了整体把握所有数据的使命。因此，本部分的写作并未严格遵循表3.5中的线性顺序。但其作为本研究项目数据分析过程背后的隐含逻辑，需要进行解释和澄清。

表3.5　数据分析步骤

步骤	任务	描述
1	组织、准备多个数据源进行分析	数据准备。包括将视频文件转换为文本，进行访谈转录，整理体验卡片内容，中英文互译翻译（部分）。研究者根据四位用户画像对收集到的数据进行分类
2	逐一阅读所有数据	整体把握。获取数据的整体感觉，思考其总体含义
3	对数据进行编码	启动详细分析。进入详细分析阶段，编码是分析过程的核心
4	生成类别和主题	生成类别和主题。利用编码过程创建越来越少的类别或主题，以及相对应的描述。在这一过程中，对与用户画像相关的信息进行了详细解释
5	以定性叙述方式展示研究结果	结果呈现。利用描述性段落呈现分析结果，同时通过表格或图形作为文字的辅助来进行可视化展示
6	解释研究结果	主题和类别解释。解释各个主题和类别的含义

3.9.1　导入并分类数据信息

在进行数据分析之前，将数据导入质性数据分析软件 NVivo 并进行分类。对于数据导入，之前使用 NVivo 转录的视频和图片已在软件中关联，无需重新导入。因此，此过程主要是手动导入在 Microsoft Office Word 转录的访谈文本和体验卡片记录导入到 NVivo 中。此外，在本研究中采用基于服务设计方法的用户画像技术，按照不同的人物画像对所有数据来源进行分类是至关重要的，这对于在后续的矩阵编码查询环节中比较人物动机非常有帮助。因此，数据文件被划分为四个文件夹，分别对应四个用户画像，每个文件夹有三个类别和九个文档：①三个视频转录文本（参观前、参观中、参观后）；②三个访谈转录文本（参观前、参观中、参观后）；③一个 Word 文档，包含三个体验卡片记录（参观前、参观中、参观后）。最后，由用户画像拍摄的所有照片被放入一个独立的文件夹，在分析基于四位受访者产生的多源数据时用于三角测量。通过这种方式，每个用户画像下导入了四种类型的多个数据文件（表 3.6）。

表 3.6　导入基于用户画像生成的多源数据并进行分类

每位用户画像的数据分类	详细信息
三个视频转录文本	参观前阶段的视频转录文本
	参观期间的视频转录文本
	参观后阶段的视频转录文本
三个访谈转录文本	参观前阶段的访谈转录文本
	参观期间的访谈转录文本
	参观后阶段的文本访谈转录
三个体验卡片记录	参观前阶段体验卡片的记录文本
	参观期间体验卡片的记录文本
	参观后阶段体验卡片的记录文本
照片	用户画像拍摄的照片

3.9.2　质性分析中的三角测量

在前面的数据转录阶段，本书已提到使用 Creswell（2009）和 Bryman（2012）建议的成员检查技术来增强可信度，这项技术也被称为"受试者验证"或"成员验证"。同时，研究者前面还介绍了三角测量技术（三角互证）的不同数据收集方法，即使用多种数据收集方法，其目的是获取更高效和可信的研究数据，这一观点已在大量的文献中得到了验证。

如前文所述，这项探索性研究中的数据三角测量是通过多种调查方法和数据源收集的，包括观察（服务旅行和影子计划）、访谈（情境访谈）、基于语义差异量表的体验卡片，以及由用户画像拍摄的照片。俗话说"百闻不如一见"，意思是指听过很多遍，也不如亲眼看到一次真实可靠。因此，研究者通过不断观察与访谈，同时使用体验卡片和图像进行交叉检验，以确保研究者没有误解自己所观察到的情况。这是一种在分析过程中获取多重证据以消除疑虑的技术，从而增加对研究结果的信心。

以下摘录来自基于同一用户画像（攻击者）生成的多个数据类型，如观察、访谈和体验卡片记录，最终被编码为"移动终端兼容性：差"。

安装了这个应用程序后，打开时手机会卡住，应用随即闪退。——攻击者（摘自观察视频转录文本）

我觉得可以说是毫无体验（尴尬地笑），因为我下载完成后，我的手机无法打开。——攻击者（摘自情境访谈转录文本）

下载的应用无法打开，导致手机崩溃。——攻击者（摘自体验卡片记录文本）

在这项研究中，用户画像拍摄的照片与观察和访谈一起成为三角测量技术中重要的数据来源。以下文字节选和图像（图3.24～图3.26）都来自同一用户画像（成就者）的多个观察、访谈和现场拍摄的照片，最终都被编码为相同的组别"休息区：面积不足，没有遮阳伞"。

她看到很多观众坐在古建周围，他们都坐在地上。这里没有直射阳光，有遮阴，很凉爽……她拿出手机拍摄了坐在地上的游客。——成就者（摘自观察视频转录文本）

就像今天下雨一样，没有地方避雨。你可以想象，那么多游客没有地方躲雨，就坐在餐厅外面。（故宫博物院）在主殿外面提供了很多休息椅，但是在室外（露天无顶），一旦下雨，就没用了。很多游客只能站在走廊里，所以非常拥挤，也没有地方坐……事实上，当我们到达那里时，有人说只剩下两张票了。也就是说，如果那天下雨，8万人来参观，那将是什么样的情况？如果没有地方坐，也没有地方躲雨，那游客将会很辛苦……总之，休息的地方很少……不是所有的地方都有座位，或者它们很隐蔽。这个公共服务设施设计得不够好。——成就者（摘自观察访谈转录文本）

	Region	Content
1	770,550 - 1220,820	The weather is very hot, many tourists can only sit on the buildings since there is no place to sit, especially where there are few places to enjoy the cool. It is very crowded around the ancient architectures.
2	360,520 - 660,890	The weather is very hot, many tourists can only sit or lie on the buildings since there is no place to take a rest.
*		

图3.24　照片分析中用户画像拍摄的照片（1）

	Region	Content
1		The Palace Museum provides visitors with a lot of benches (rest chairs) outside the main halls, which is off-site (open-air and no ceiling). Once it rains, or the sun is very strong, it is not good.
*		

图3.25　照片分析中用户画像拍摄的照片（2）

	Region	Content	
1		The sun is very strong, but the benches have no parasols.	
*			

图3.26　照片分析中用户画像拍摄的照片（3）

需要强调的是，用户画像所拍照片是对观察和采访结果的验证，对用户画像所拍照片的分析可帮助研究者进行数据的三角互证。例如，通过图 3.24 可以看出，天气很炎热，很少有地方可以乘凉，游客们只能在建筑物的背阴处坐下，因为其他地方几乎没有合适的休息场所。而在图 3.25 中，发现在正殿外，故宫博物院提供了一系列露天长凳供游客休息，然而一旦遭遇雨天或强烈阳光，这或许会给游客带来一些不便。在图 3.26 中同样也可看出，在强烈的阳光下，室外的休息椅并未安装遮阳伞等基本设施。对照片的分析与前面提到的观察视频转录文本和情境访谈转录文本的摘录内容所表达的观点一致，多重证据增强了用户数据的可信度。

3.9.3　数据编码

为了呈现四位用户的参观体验，接下来聚焦转录后的文本数据，编码过程是目前分析过程的主要工作，这项工作也在 NVivo 软件中完成。根据 Paulus 等（2014）的观点，编码是在 CAQDAS 程序中完成的：

①创建编码并为数据分配编码；②检索定位到所有已分配特定编码的数据；③在数据的原始语境中审查已编码的数据；④对重命名编码、删除编码、重新编码原始数据、合并编码、创建编码层次结构和代码组等工作做出决定。

从 Paulus 的观点来看，使用 CAQDAS 程序相比手工分类数据，可以最大程度地避免研究者在海量数据和系统生成的代码列表中迷失方向。至于编码的概念和意图，本书研究者主要参考了 Saldañ（2013）的观点：

在定性研究中，编码通常是一个词或短语，它象征性地为基于语言或视觉的数据部分分配一个总结性、显著性、捕捉本质的属性或唤起感觉的描述……编码者的主要目标之一是在数据中寻找这些在人类事务中反复出现的行动模式和一致性。

为了进一步直观地理解编码，可参考 Creswell（2009）的观点。他强调编码是指在赋予信息以意义之前，将数据材料组织成文本块或段落的过程。这涉及将句子、段落或图像分门别类，并用术语标记这些类别。在本研究的编码过程中，为文本数据分配代码的过程首先要高亮显示研究人员想要编码的文本块，还要通过拖放到已创建的节点上为文本块附加代码（图 3.27）。正如 Paulus 等（2014）所指出的："分析是对转录文本的选择性摘要。"随着创建的节点被逐一编码，可以从 NVivo 软件左侧看到被参考文档和参考点数量的增加。此外，研究人员还在"父"节点下添加了"子"节点，并创建了节点层次结构。由于该研究涉及国际学者的参与及指导，因此图 3.27 所示的分析过程均采用英文。

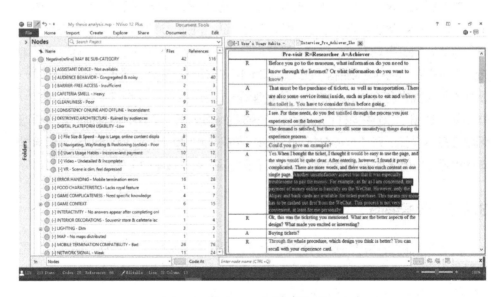

图3.27　在NVivo中进行数据编码

Miles 等（1994）就影子计划研究中的主要数据分析程序提出了一些建议：①记录模式和主题，以便对参与者感知的模式或主题进行分类；②进行对比和比较以描述相似之处和不同之处；③将"具体情况"归纳为"一般原则"。这些建议在本研究的编码过程中得到了具体实施。在本研究中还借鉴了Saldañ（2013）的编码理念，因此本书将编码分析过程分为三个主要环节：第一轮编码、第二轮编码，以及第一到第二轮编码的过渡编码环节。

3.9.3.1 第一轮编码

分析过程采用自下而上的归纳法，从不同类型的转录文档开始第一轮编码（也称"初始编码"或"开放编码"）。根据Saldañ（2013）的见解，有效的方法是通过了解和明确参与者在情感、价值观、冲突等主观方面的体验，来深入研究用户的经历。在本研究中，作为一种情感方法，评估编码（Evaluation Coding）侧重于编码人物的正面和负面体验。为了保持编码与博物馆服务体验相关研究问题的一致性，评价编码是从研究者的视角或用户对博物馆服务感知的评价中产生的。具体而言，研究者标记了人物是否做出了正面或负面的评论或行为，还创建了建议类编码。为了避免过多编码引起混淆，在使用NVivo软件时，有时会在节点前添加"[+]""[–]"和"[REC]"等符号作为标签，分别指代正面体验、负面体验，以及用户建议。

值得指出的是，有大量的定性研究描述了分析备忘录（analytic memo）的作用。分析备忘录的目标是反映和记录研究者的思考过程。定性研究方法学家Saldañ（2013）提出，每当研究者想到与数据编码或分析相关且重要的事情时，应立即写入备忘录。在研究者的分析备忘录中，提到了研究者在找到适合第一阶段编码的技术时经历的过程，其中还包括增强可信度的工作。

分析备忘录

在初始编码阶段，我们感到为如此庞大的转录文本分配编码是一件很困惑的工作。因此，我们阅读了大量有关编码和服务体验的文献，并尝试使用各种方法进行第一轮编码。例如，在三个"父"代码"正面""负面"和"建议"下，我们尝试使用服务设计中的三个主要组成部分（人、物料和流程）的概念（Polaine et al.，2013）添加"子"代码，也尝试过使用四种愉悦感（生理愉悦、社交愉悦、心理愉悦和思想愉悦）添加"子"代码（Tiger，2000）。然而，发现这些代码是在预设（或主观定义）数据含义的基础上编码的，缺乏自下而上的自觉。此外，通过这种方式编码原始数据时，一些转录文本无法准确地归类到预先分配的编码中。例如，刚刚尝试使用的"人、物料和流程"，其内涵如下：人（people）指的是任何直接或间接与服务有关的利益相关者；物料（props）指的是任何服务所需的实体或虚拟的物件；流程（processes）指的是任何利益相关者于服务中执行的流程。当我们使用"人、物料和流程"这一概念提前预设好的编码方法进行编码时，发现"物料"包括数字环境，而"流程"有时也涵盖数字环境，这增加了编码的难度。

通过向国内外专家学者请教，并参阅大量相关的文献，我们考虑让编码自然而然地出现。因此，我们只是用我们认为最合适的术语对文本部分进行初步编码，期间也涉及取消解码和再次编码的迭代过程。

为了检查我们的编码进展，参考 Creswell（2009）和 Saldañ（2013）的建议，我们邀请了前面参与调查的四个用户画像（受访者）帮助我们检查迄今为止生成的编码。作为研究者，我们从这种策略中受益良多。

尽管第一阶段编码的过程允许代码从数据中浮现出来，但这并不意味着编码不考虑其他因素。为了管理这些代码，基于本项目提出的研究问题和采用的服务设计方法，研究者首先确定"正面""负面"和"建议"等"父"节点。然后，每个"父"节点都被分为三个服务阶段："参观前""参观中"和"参观后"，而每个阶段的"子"节点则根据实际服务接触点进行了分类（如文创商店、餐厅、智能导览应用程序等），与数据收集步骤一致（图 3.28）。由于该研究涉及国外学者的参与及指导，因此图 3.28 所示的编码层级采用了英文。需要强调的是，这里的代码层次结构并非最终的类别或主题。

图3.28　NVivo中的编码层次结构

在 NVivo 软件中，编码始于查看转录文本中的每一行数据，并为相关内容分配一个描述性名称。当某描述性数据被研究者视为涉及同一主题时，研究者会将选中的文本拖放到相同的编码节点上。第一阶段编码允许代码从数据中相对客观地自然显现，尽量避免预先分配编码。然而，这并不妨碍在编码过程中采用已在学术界通用的术语，例如"可用性""功能性"和"动机"等通用术语，他们同样来自于对数据的分析，更符合该学科领域的专业需求。最终，在转录的编码中，每个"父"编码下出现了大约 120 个关于正面体验和负面体验的"子"代码。表 3.7、表 3.8 呈现了从 NVivo 导出的中文版本摘录。

表 3.7　关于负面和正面经验的 120 个编码（部分负面体验摘录）

负面体验
参观前
博物馆应用程序
文件量较大
网页界面视觉上显得混乱
操作不便
与手机系统的兼容性差
无法下载和使用
导览地图
难以跟踪
操作不便
速度缓慢
主要倾向于推荐中轴线这一路线
提示不清晰
在线购票
支付方式的选择性较少
不易理解
流程烦琐
字体偏小

表 3.8　关于负面和正面体验的 120 个编码（部分正面体验摘录）

正面体验
参观前
导览地图
全面而清晰
视觉良好
三大殿全景版（全景故宫）
声音效果好
视觉良好
室内图像有趣
对公众开放
交通路线
内容丰富而具体
养心殿虚拟现实版（V故宫）
详细且沉浸

在完整的 120 个编码清单中，有 95 个负面体验编码，只有 25 个正面经验编码。然而，两个数字之间的差异并不值得惊讶。这是心理学中已知的一种负面偏见（negativity bias）现象。迄今为止，有大量已发表的关于负面偏见的文献可查。根

据 Tierney 与 Baumeister（2019）的观点，形成坏（负面）印象比形成好（正面）印象更容易，人们容易关注负面信息或事物并强化这种体验。从广义上讲，"负面"对人们的影响比"正面"更大。因此，负面体验编码数量更多并不足为奇，毕竟用户数据是其内心自发的感受。

另一个要强调的方面是，为了更全面地了解不同用户画像的动机，还编码了与四名用户参观动机相关的 17 个"父"代码和 59 个"子"代码（表 3.9），并呈现了每个用户的参考点数量（表达某种动机或建议的次数）。数量的多少在一定程度上反映了该建议的迫切程度。

表 3.9　与动机和建议相关的编码（部分摘录）

动机和建议的描述	成就者	攻击者	探索者	社交者
缓解观众拥堵				
观众限流：同时进入博物馆的观众人数受控制	0	0	1	0
与动机相关的参观路线：满足持有不同动机的游客	0	0	1	0
推广更多的参观路线和景点：引入多样的参观路径，宣传更多的景点	0	1	5	0
完善公共设施				
公共设施：增设更多无障碍通道（例如坡道，以方便老年人和儿童）	0	0	0	3
售务：重新启用人工售票窗口	0	0	0	1

最后，需要指出的是，在本研究的编码过程中强调上下文语境的重要性，而不仅仅关注零散的词句。有时，编码过程中需要对研究者的一系列问题以及受访者给出的答案进行统筹编码。这种"打包"编码技术有助于全面理解受访者的想法。更重要的是，后续在解释研究结果时，有必要参考支撑这些编码的数据所产生的背景。表 3.10 是从访谈转录文本中提取的一个片段，其中 R 代表研究者（researcher），E 代表探索者（explorer）。在这个例子中，这些问题和答案被整体打包，并编码为"关系：虚拟参观不能替代现场参观"。

表 3.10　访谈转录文本摘录

R	那你如果在网上看完了，你还会买票去看吗？
E	我觉得会的。
R	是吗？
E	毕竟百闻不如一见（笑）。

3.9.3.2　过渡编码

在前一节的第一轮编码工作中，关于负面和正面体验的 120 个编码以及 59 个与动机或建议相关的编码是通过对数据进行自然评估而产生的。由于编码数量庞大，在本阶段需要对他们进行整理和缩减。在本轮编码的开始，研究者面临重组编码的挑战。这一挑战在研究者的分析备忘录中有所说明。

分析备忘录

通过反复查阅文献综述部分的相关内容，我们了解到"参观前""参观中"和"参观后"是一个整体，不能彻底分离。作为服务设计方法的重要理念，这三个阶段对于我们前期收集数据非常有用。然而，在当前的分析阶段，它已经进入了归纳阶段。因此，当前编码阶段并没有根据不同参观阶段或具体接触点进行编码的归纳和分类。

尽管如此，在对代码进行组织时我们仍然遇到了一些挑战。坦率地说，我们当前对编码分组经验并不丰富。在第一轮编码之后，我们考虑过是否能够邀请参与项目的四位受访者（用户画像）根据每个编码的重要性对代码进行分类。例如，我希望他们决定哪个问题需要紧急解决，哪个不太紧急，哪个重要性居中。这也可以看作是成员检查法。但我们担心受访者缺乏编码经验，最终放弃了这个想法。

数百个小时过去了，我们渴望通过当前的编码提炼出更为凝练的主题，并尝试了很多不同方法。不经意间，我们发现上面提到的分类更像是一棵大树：根部是最基础的，果实是最末端的。所以我们根据这个想法设定了分类。例如，对于负面经验，我们在 NVivo 中设定了五个类别，分别是"01 ROOTS 树根（基础）""02 TRUNKS 树干（功能性）""03 BRANCHES 树枝（可用性）""04 LEAVES 树叶（合意性）""05 FRUITS 果实（品牌体验）"。括号中的术语是我们通过阅读文献从其他学者的模型中得到的。表 3.11 展示了尝试从 NVivo 导出的基于大树结构的部分编码数据。后来，经过反思，我们意识到这样的分类有些违背初衷，应让分类从数据中自然显现，而不是预先指定编码。因此，即使我们根据"大树"的想法对其进行了编码，最终还是放弃了这个思路。之后，我们还花了很长时间尝试使用"在线""现场"以及"在线和现场"这些名称作为编码思路来对代码进行分组。然而，这难免会引发一个问题，即在线和现场之间的相互关系被人为地割裂开来。

通过与国内外专家学者进行探讨，大家一致认为该阶段的编码仍然需要从底层开始自下而上地逐步进行。基于此，我们认为可以根据代码之间的相似度程度进行自然编码。其间，有时我需要合并类别，有时又需要将它们拆解。

表3.11　从 NVivo 导出的基于大树结构的部分编码数据

Negative(refine) MAY BE SUB-CATEGORY	42	515
01 ROOTS (Foundation)	36	183
[-] Audience Behavior - Congregated and Noisy	13	40
[-] Clean and Hygienic - Bad	9	11
[-] Mobile Termination Compatibility - Bad	26	76
[-] Network Signal - Weak	11	24
[-] Rest Areas - No enough rest area, benches without umbrella	8	18
[-] Staff Number - Few	8	13
[-] Ticketing Service - No ticket window	1	1
02 TRUNKS (Functionality)	23	58
[-] Destroyed Architecture - Ruined by tourists	5	12
[-] Mobile Termination Errors - User is difficult to solve	16	28
[-] Notice board - Insufficient --------------	1	1
[-] Safety - Uneven road -------------	2	2
[-] Staff Ability - Incompetent	3	3
[-] Website Function & Process - Confused, hardly understand	10	12
03 BRANCHES (Usability)	34	229
04 LEAVES (Desirability)	11	19
05 FRUITS (Brand Experience)	9	26

尽管数据是在三个不同阶段基于选定的服务接触点收集的，但数据分析应该是综合的，各阶段之间的界限应该被打破。这种全局和自然的编码方法有助于全面、系统地考虑用户体验。

基于以上的反思，研究者在这个归纳分析阶段调整了编码策略，即基于编码之间的关系进行自然分类。具体而言，在从代码分类构建大类别的过程中，具有一定相似性的代码被放置在一个类别中，甚至合并在一起以捕捉类似的问题。例如，"商品标签：纪念品缺少已拆包装的样品展示"和"商品标签：纪念品的标签不详细"这两个代码被合并到更广泛的组别"产品展示：样品和标签"下。正如 Miles 等（1994）早期指出的那样，这个过程是进行对比和比较，以描述相似性和差异性。

与第一轮编码一样，这个阶段同样通过返回原始数据的转录文本进行反复解码和重新编码。例如，以下摘录是成就者和社交者等用户画像的采访转录文稿，研究者在这里重新编码以更好地反映参考数据（原始数据）的内涵和语境。

还有一个不太满意的地方就是付钱特别麻烦。比如说，就我个人而言，我网上支付的钱基本上都是在微信上。但购票仅支持支付宝和银行卡。这意味着我的钱必须先从微信提现。这个过程不太方便，至少对我个人来说是这样。——成就者

还有，支付的时候，按理说微信支付比较普遍，但它却没有微信支付。那个外国人就不太清楚，她们和我们的生活习惯不大一样，可能没有微信这个软件。——社交者

对于上述的摘录内容，在第一轮编码中，研究者将它们编码为"支付方式选择较少"，但通过重新审视该编码的原始转录文本，研究者发现几乎所有用户都指出了类似的问题。通过阅读和逐字分析，研究者发现故宫博物院提供了许多支付方式，但很多方式并不符合用户的使用习惯。因此，研究者更准确地将其重新编码为"支付不便：与用户习惯不符"，并将其分类到更宏观的分类"数字平台可用性：低"中。通过这种方式，研究者一直在不断审视各个类别及其编码，进行细化，并根据第一轮编码生成的两百个编码，组织了相互关联的节点。通过数轮分类，这一数据归纳过程产生了 27 个"负面"类别，包含 38 个维度（表 3.12），以及 7 个"正面"类别，包含 10 个维度（表 3.13）。

表 3.12　负面体验：27 个类别涵盖 38 个维度

类别	维度
放松	观众行为：拥挤且嘈杂
	休息区：休息区不足，长椅无遮阳伞
随和	工作人员：人数有限，能力较弱，态度欠佳
智慧设计	设计简单，实用性低，同质化
胜任能力	游戏复杂度
信息量	产品展示：样品和标签
信息更新	在线更新：不及时
友好感	休息区：休息区不足，长椅无遮阳伞
	纪念品：大多面向女性
受尊重感	无障碍通道：不足
气味	餐厅气味：较重
广延性（空间感知）	空间：餐厅空间狭窄
视觉	照明：昏暗
	清洁度：差
触感	施工中：影响游览
兼容性	错误处理：手机端错误
	手机端兼容性：差
功能表现	网络信号：弱
更安全	安全性：道路不平坦
更易使用	数字平台可用性：低
	网站：功能和流程

类别	维度
效率	指示牌：不显眼和不明确
	地图：未分发地图
有序	官网布局：不清晰
实用性	纪念品：设计简单，实用性低，同质化
整合线下线上	售票窗口：不存在
互动	游戏环境
	互动性：在完成在线问答后没有答案出现
一致性	线上实际在线和离线一致性：不一致
保持联系	互动性：在完成在线问答后没有答案出现
	在线更新：不及时
助手	协助设备：不存在
物有所值	价格：食物和纪念品昂贵
	交通工具：收费的摆渡车
对破坏心生同情	建筑被破坏：被观众破坏
	导视牌：不足
独特感	室内装饰：纪念品店和餐厅缺乏特色
	食物特色：缺乏皇家特色

表 3.13　正面体验：7 个类别涵盖 10 个维度

类别	维度
导览地图、全景故宫等	详细模拟真实场景
	风格匹配真实场景
虚拟现实	高科技与沉浸式
角色扮演	可以试穿古装
纪念品	种类多且精致（尤其是化妆品文创）
网购	各种文创产品
	广泛覆盖的购物平台
游戏与动画	知识性
	有趣
在线视频与音频	富有知识性的视听资源可作为对实地参观的补充

　　此外，对于动机与建议的分类分析，与上述两个表中呈现的自然生成的代码略有不同。为了把握不同人物的动机，研究者回顾了每个用户画像的基本特征，根据四个用户的特质进行了初步分类。最终，在分类过程中重新组织了上一轮分析中用户动机与建议部分的编码，形成了 4 个类别，共 34 个维度（表 3.14）。

表 3.14　动机与建议：4 个类别涵盖 34 个维度

类别	维度
探索与发现（探索者）	设计类似游戏的参观路线：探索和发现神秘之处
	可发现和探索的行为：发现背后的故事，探索细节
	开放更多宫殿：满足学习和探索的愿望
	在不受干扰的情况下探索
	幸运门票：结合线上和线下
	提供幸运抽奖：获得奖励（例如，在雨天获得雨衣作为奖励）
互动与分享（社交者）	合作：博物馆应该收集用户的反馈
	互动性：在游戏和视频中添加对话和选项
	可共享性：被分发的纪念品可以与他人分享
	可共享性：学习就是与他人交流
	门票：将电子门票转换成纸质门票（用于网络分享）
	社交互动：更喜欢模拟养成类游戏
	角色扮演：试穿古代的衣服
	服务设施：增加更多无障碍通道（例如坡道，方便老年人和儿童）
	需要更多的解说人员：帮助理解
	需要更多的服务人员：便于问询
	互动性：在完成在线问答后应提供答案
	学习新的事物
	免费纪念品：博物馆应向观众分发物品
个性与挑战（攻击者）	渴望个性化游戏
	不随波逐流：选择不同的参观路线，体验和挑战独特性
	PK 机制的游戏：应制定与其他玩家或人工智能（AI）PK 的机制
	提供多样化的自由参观路线：最好不要定义游览路线
	BOGO（买一送一）：门票累积（例如，可用三张门票兑换一张免费门票）
奖励（成就者）	游戏设计改进：设计更多回合、具有奖励机制的游戏
	应用程序：启用收集物品和成就之功能
	门票：将电子门票转换成纸质门票（用于分享）
	可共享：与朋友分享照片
	分享也是为博物馆做宣传
	结合奖励的角色扮演：与角色扮演者合影或玩游戏（附带奖励）
	免费纪念品：博物馆可向观众分发纪念品
	在线游戏：根据积分和级别获得门票折扣、纪念品或其他东西
	用纪念币兑换门票：通过与博物馆互动赢得的纪念币（例如阅读博物院出版物）

总之，在过渡编码环节，研究者在整理和归纳这些编码时面临着如何继续分类上一轮编码的挑战，通过不断调整编码策略，形成了目前的"负面"和"正面"类别，强调了全局和自然的编码方法，有助于全面考虑用户体验。对于动机和建议的分类分析，研究者通过文献回顾和用户特征初步分类，形成了相应的类别。整个过程突显了对用户体验的综合性思考。

3.9.3.3　第二轮编码

截至目前，研究者发现到所生成的编码依旧呈现一些零散性，并不能十分令人满意。通过研究以往的文献，Saldañ（2013）在他的著作中指出，过于分散的分类是"造作"的，人类生活是一个整体，各个组成部分总是相互关联。因此，本节中第二轮编码应运而生。具体来说，第二轮编码是在重新组织和分析上一轮编码结果的基础上进行的，该阶段还包括对研究结果的呈现。

研究者在这个编码周期中采用了模式编码方法。Saldañ（2013）指出，在第二轮分析过程中，模式编码方法可以发展类别标签，并将许多相似的编码数据组合在一起，以减少生成的编码数量。换句话说，该过程包括将编码排序并重新标记为更少的概念主题。受 Saldañ 的启发，在本研究中，一些概念上相似的编码被合并；在合并类别之前，研究者通常会找到更准确的词语或短语来归纳一些数据；此外，研究者还评估了全部编码中较少使用的编码，然后删除了冗余的编码，而增加了所需的编码。实际上，该策略在先前的两轮编码中也有体现。

通过不断解码和重新编码已经进行多次迭代的编码，评估它们的共性并为它们分配各种模式编码，诸多编码被分配到集合、主题和更大的图景结构中。最终，将11 个类别映射到与负面体验相关的 3 个主题上，将 5 个类别映射到与正面体验相关的 2 个主题上。此外，四个用户画像的参观动机也从上一节中他们给出的建议中总结出来。

在生成的博物馆服务负面体验列表中，主题下面包含了类别，而类别下面包含了子类别和维度。在这个综合的过程中，研究者在很大程度上避免了在预先分配的表格中指定类别或主题。在这一周期结束时，研究者能够生成一个完整的主题、类别、子类别和维度的编码方案。为了呈现这些数据，表 3.15～表 3.17 分别呈现了负面体验、正面体验和用户画像独特动机的层次结构。

Saldañ（2013）指出，编码过程的最终目标之一是达到饱和状态。到目前为止，该项目中的数据分析过程一直在反复优化编码的类别和主题，直至达到饱和状态。数据已经按照负面体验和正面体验分别整理成了相应的主题、类别、子类别和维度。此外，对四名用户画像的各自动机也进行了编码，并绘制了情感曲线图。在考虑数据饱和性时，实际上在第一轮编码之后，各编码之间开始变得重复。直到最终，似乎在编码过程中没有新的信息涌现。尽管用户画像的数量相对较少，但所获得的数据庞大且深入。最终，四名用户画像被邀请协助核查了编码结果，每个人都认为数据已经饱和，因为此刻没有出现新的主题、类别或子类别。

表 3.15　博物馆服务的负面体验编码

主题	类别	子类别	维度
情感性体验	舒适感	轻松舒适	观众拥挤
			休息区
		随和	工作人员
	求知欲	设计创新	纪念品设计的深度
		胜任力	游戏复杂性
		信息丰富	纪念品展示
	受欢迎感	友好感	休息区
			目标受众
		受尊重感	便利设施
功能性体验	感官吸引	气味	餐厅气味
		空间感知	餐厅空间
		视觉感知	照明
			清洁度
	功能优	兼容性	移动终端错误
			移动终端兼容性
		功能报错	博物馆网络信号
		深度与实用性	纪念品设计
		必要的服务	无现场售票窗口
		更安全	道路不平坦
	直观使用	更易使用	功能性与可用性
		高效	导览系统
		界面元素有序	网络界面元素布局
	互联互动	互动	游戏机制和玩法
			在线问答的互动性
		一致性	线上、线下一致性
		联结感	线上更新
	智慧辅助	助手	辅助设备
	省钱	物有所值	食物和纪念品价格
			免费交通
独特性体验	对毁坏的共鸣	—	建筑被破坏
	独特感	—	装饰和食物的特色

表 3.16 博物馆服务的正面体验编码

主题	类别	子类别	维度
参与感	详细模拟和风格匹配	导览地图、全景视图等	详细模拟
	沉浸感	虚拟现实	风格匹配
			高科技和沉浸式
	参与感	角色扮演	试穿古装
新文创	跨界设计	纪念品	多样而精致（尤其是化妆品）
		在线购物	文创产品多样化
			广泛覆盖的购物平台
	教育娱乐性	游戏与动画	益智的
			有趣的
		在线视频与音频	富有知识性的在线视听资源是对实体参观的补充

表 3.17 不同用户参观博物馆的具体动机

动机维度	内在/外在动机概要
探索者	
发现未知	内在动机： 自主性需求——自由地探索和理解知识
以好奇之心探索内部细节	
开启未知领域以获取知识	
自由探索和理解	
奖励	外在动机：奖励
社交者	
协作与互动	内在动机： 归属性需求——与他人相遇并互动，强调情感联结
与他人建立联结	
角色扮演	
探索细节	
探求知识	内在动机： 自主性需求——自由地发现和理解知识
奖励	外在动机：奖励
攻击者	
冒险，独辟蹊径	内在动机： 胜任（掌控）性需求——向他人发起挑战并进行竞争，强调个体能力
控制的感觉	
奖励	外在动机：奖励
成就者	
竞争性积累	内在动机： 胜任（掌控）性需求——向他人发起挑战并进行竞争，强调个体能力
与他人建立联结	内在动机： 归属性需求——与他人相遇并互动，强调情感联结
奖励	外在动机：奖励

最终，我们通过整合三个服务阶段中用户画像填写的 12 张体验卡片的勾选选项，形成了图 3.29 中的情感曲线。该图表清晰标示了四个用户在每个服务接触点的感受，以便研究者和博物馆用户体验设计师在优化服务接触点用户体验时进一步提取有用信息。

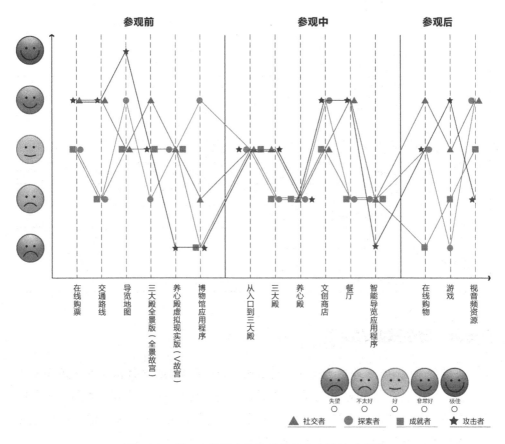

图3.29　基于12张用户体验卡片整合出的情感曲线

该情感曲线的引人注目之处在于，一些服务接触点被多人标记为相同的体验水平（级别），尤其是某些接触点同时被多个用户标记为非常出色或特别糟糕的体验。为了明确展示在特定接触点有几位用户画像标记了某个体验水平，研究者在表 3.18 中进行了总结。从表格中可见，如果一个服务接触点被多个用户标记为相同的体验水平，尤其是更负面或更正面的体验，那么被标记的人数越多，就越值得我们关注。这将为改善接触点的用户体验提供有益参考。

表 3.18　用户标记的接触点体验水平统计

服务阶段	服务接触点	选择特定体验级别的人数				
		失望	不太好	好	非常好	极佳
参观前	在线购票			2	2	
	交通路线		2		2	
	导览地图			2	1	1
	三大殿全景版（全景故宫）		1	2	1	
	养心殿虚拟现实版（V故宫）	1		3		
	博物馆应用程序	2	1		1	
参观中	从入口到三大殿			4		
	三大殿		2	2		
	养心殿		4			
	文创商店			2	2	
	餐厅		2		2	
	智能导览应用程序	1	3			
参观后	在线购物	1		2	1	
	游戏	1	1	1	1	
	视音频资源		1	1	2	

3.9.4　定性数据的量化

在这项研究中，关于如何量化定性数据，研究者主要是将编码频率从高到低进行整理，以突显它们的重要性。尽管本课题的研究发现主要以主题、类别和维度的形式呈现，但本书仍旧通过使用 NVivo 矩阵功能以表格形式呈现了量化的定性数据。关于定性数据的量化，Creswell（2009）提出了以下观点：

研究者可以对定性数据进行量化。这涉及定性地创建编码和主题，然后计算它们在文本数据中出现的次数。这种对定性数据的量化使研究者能够将定量结果与定性数据进行比较。

从上述观点中可以得知，代码频率指的是特定编码分配给特定数据的次数。具体而言，对于编码频率的报告可以帮助研究者确定哪些主题、观点是多次提及的，哪些是很少发生的（Saldañ, 2013）。因此，在对研究结果进行进一步的解释时，研究者采用了 NVivo 软件与手动调整相结合的方式，以整理编码类别和子类别的频率。

3.10　本章小结

　　总的来说，本研究主要采用定性方法进行研究设计，并构建了数据收集的框架。具体而言，本章首先阐述了如何选择合适的用户画像和服务接触点。随后，通过传统的定性方法和创新的服务设计工具，如服务旅行、影子计划、深度情境访谈等独特的数据收集方法，为回答研究问题做好了充分准备。此外，体验卡片和照片的运用有助于用户回顾他们的体验。值得一提的是，在这项探索性研究中，三角互证数据是一项有用的技术，在数据分析过程中帮助研究者获取多重证据，从而增强了研究者对研究结果的信心。本章内容还涵盖了数据转录、数据检查和数据分析。在本研究的数据分析过程中，核心分析任务主要借助 NVivo 软件完成，包括分配编码、对编码进行分类、使用矩阵编码查询以比较受访者的行为和评论，其中一些任务是迭代进行的。

本章参考文献

[1]　刘军、刘俸玲，2017. 基于角色认知的"互联网 +"博物馆公共服务设计研究：以故宫博物院为例 [J]. 装饰 (11):118-119.

[2]　秦臻 , 2014. 通过接触点设计提升服务体验 [J]. 包装与设计 (3):3.

[3]　BRYMAN A, 2012. Social Research Methods[M]. 4th ed. United States: Oxford University Press.

[4]　CHRISTIANS G, 2018. The Origins and Future of Gamification[D]. South Carolina: University of South Carolina.

[5]　CRESWELL J W, 2009. Research Design: Qualitative, Quantitative, and Mixed Methods Approaches[M]. 3rd ed. London: SAGE Publications Ltd.

[6]　CRESWELL J W, 2013. Qualitative Inquiry Research Design: Choosing Among Five Approaches[M]. 3rd ed. London: SAGE Publications Ltd.

[7]　CROUCH M, MCKENZIE H, 2006. The Logic of Small Samples in Interview-based Qualitative Research[J]. Social Science Information, 45(4): 483 – 499.

[8]　DENSCOMBE M, 2007. The Good Research Guide: For Small-scale Social Research Projects[M]. 3rd ed. New York: Open University Press.

[9]　DÖPKER A, BROCKMANN T, STIEGLITZ S, 2013. Use Cases for Gamification in Virtual Museums[C]// GI-Jahrestagung 2013. Koblenz: Jahrestagung der Gesellschaft für: 2308 – 2321.

[10]　FALK J H, DIERKING L D, 2013. Museum Experience Revisited[M]. 2nd ed. Walnut Creek: Left Coast Press.

[11] GARRETT J J, 2011. The Elements of User Experience: User-Centered Design for the Web and Beyond[M]. 2nd ed. Berkeley: New Riders.

[12] GERSON K, HOROWITZ R, 2002. Observation and Interviewing: Options and Choices in Qualitative Research [J]. Qualitative research in action, 6: 200-224.

[13] GUBA E G, 1990. The Alternative Paradigm Dialog[M]. London: Sage Publications Ltd.

[14] GUEST G, BUNCE A, JOHNSON L, 2006. How Many Interviews Are Enough?: An Experiment with Data Saturation and Variability Greg[J]. Field Methods, 18(1): 59 – 82.

[15] HAMMOND M, WELLINGTON J, 2013. Research Methods: The Key Concepts[M]. New York: Routledge.

[16] JUNG S-G, AN J, KWAK H, et al, 2017. Persona Generation from Aggregated Social Media Data[C]// Proceedings of the 2017 CHI Conference Extended Abstracts on Human Factors in Computing Systems. Denver: Association for Computing Machinery: 1748 – 1755.

[17] MARQUEZ J J, DOWNEY A, 2015. Service Design: An Introduction to a Holistic Assessment Methodology of Library Services[J]. Weave: Journal of Library User Experience, 1(2): 1 – 16.

[18] MASON M, 2010. Sample Size and Saturation in PhD Studies Using Qualitative Interviews[J]. Forum Qualitative Sozialforschung, 11(3).

[19] MAXWELL M A, 2016. Identifying Social Aspects of Game Mechanics that can Enhance Learning in the Modern High School Classroom[C]// Proceedings of MAC-ETeL 2016. Prague: MAC Prague Consulting: 195 – 202.

[20] MCDONALD S, 2005. Studying Actions in Context: A Qualitative Shadowing Method for Organisational Research [J]. Qualitative Research, 5(4): 455 – 473.

[21] MCDONALD S, SIMPSON B, 2014. Shadowing Research in Organizations: The Methodological Debates[J]. Qualitative Research in Organizations and Management: An International Journal, 9(4): 3 – 20.

[22] MILES M B, HUBERMAN A M, HUBERMAN M A, et al, 1994. Qualitative Data Analysis: An Expanded Source Book [M]. United States: Sage Publications Ltd.

[23] MILLEN D R, DRIVE S, BANK R, 2000. Rapid Ethnography: Time Deepening Strategies for HCI Field Research [C]// Proceedings of the 3rd Conference on Designing Interactive Systems: Processes, Practices, Methods, and Techniques. New York: Association for Computing Machinery: 280 – 286.

[24] NICHOLSON S, 2015. A RECIPE for Meaningful Gamification in Gamification in

Education and Business [M]. Cham: Springer.

[25] PAPER C, KHAMBETE P, 2017. Blending Rapid Ethnography and Grounded Theory for Service Experience Design in Organizational Setting: Design of a Peer to Peer Social Micro- Lending Service Blending Rapid Ethnography and Grounded Theory for Service Experience Design in Organizational[C]// International Conference on Research into Design. Singapore: Springer: 117 – 130.

[26] PAULUS T M, LESTER J N, DEMPSTER P G, 2014. Digital Tools for Qualitative Research[M]. London: Sage Publications Ltd.

[27] REDFERN S, MCCURRY R, 2018. A Gamified System for Learning Mandarin Chinese as a Second Language [C]// 2018 IEEE Games, Entertainment, Media Conference (GEM). New York: IEEE: 411 – 415.

[28] ROTO V, LEE J, MATTELMAKI T, et al, 2018. Experience Design meets Service Design: Method Clash or Marriage? [C]// Extended Abstracts of the 2018 CHI Conference on Human Factors in Computing Systems. New York: ACM:1-6.

[29] SALDAŇ J, 2013. The Coding Manual for Qualitative Researchers[M]. 2nd ed. London: Sage Publications Ltd.

[30] SCHADE A. Avoid Leading Questions to Get Better Insights from Participants[EB/OL]. (2024-1-26)[2024-2-10]. https://www.nngroup.com/articles/open-ended-questions/

[31] SEGELSTRÖM F, RAIJMAKERS B, HOLMLID S, 2009. Thinking and Doing Ethnography in Service Design[J]. IASDR: Rigor and Relevance in Design(January 2009): 1 – 10.

[32] SLEVITCH L, 2011. Qualitative and Quantitative Methodologies Compared: Ontological and Epistemological Perspectives[J]. Journal of Quality Assurance in Hospitality & Tourism, 12(1): 73 – 81.

[33] STICKDORN M, HORMESS M E, LAWRENCE A, et al, 2018. This Is Service Design Doing: Applying Service Design Thinking in the Real World[M]. Sebastopol: O' Reilly Media.

[34] STRAUSS A, CORBIN J M, 1998. Basics of Qualitative Research: Techniques and Procedures for Developing Grounded Theory[M]. Thousand Oaks: Sage Publications Ltd.

[35] TIERNEY J, BAUMEISTER R F, 2019. The Power of Bad: How the Negativity Effect Rules Us and How We Can Rule It [M]. United States: Penguin Press.

[36] TIGER L, 2000. The Pursuit of Pleasure [M]. London: Routledge.

[37] VALLARINO M, IACONO S, VERCELLI G, 2020. Gamification in Corporate Training to Enhance Engagement: An Approach[J]. International Journal of Emerging Technologies in Learning, 15(17): 69 – 83.

[38] VÁSQUEZ C, BRUMMANS B H J M, GROLEAU C, 2012. Notes From the Field on Organizational Shadowing as Framing[J]. Qualitative Research in Organizations and Management: An International Journal, 7(2): 144 – 165.

[39] WARREN C A B, 2002. Handbook of Interview Research: Context and Method[M]. Thousand Oaks: Sage Publications Ltd.

[40] YIN R K, 2011. Qualitative Research from Start to Finish[M]. New York: The Guilford Press.

[41] ZICHERMANN G, CUNNINGHAM C, 2011. Gamification by Design: Implementing Game Mechanics in Web and Mobile Apps[M]. Sebastopol: O' Reilly Media.

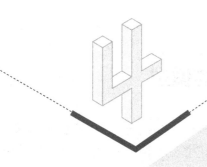

第 4 章

研究结果

4.1 本章导读

本章详细呈现并解释了本项目的研究结果，即研究发现。在第 3 章中，我们已经对数据的收集与分析进行了详细阐述。首先，通过综合的方法收集数据，包括观察、访谈、收集体验卡片和现场照片，随后对这些原始数据进行了转录。其次，编码与归纳成为数据分析的核心工作。最后，通过表格和图表对编码结果进行了直观呈现。由于研究结果需要呈现与每个研究问题相关的数据支持和相关阐述，因此本章根据研究问题的层次组织对研究结果进行解释，以表明本论文的所有内容都得到了充分回应。因此，与研究问题相对应，以下结构根据用户画像选择、用户画像的博物馆服务体验（负面和正面体验）、不同用户画像参观博物馆的动机，以及一系列设计指南等几个方面进行组织。

4.2 可用于识别用户画像的模型

本书聚焦于服务设计和博物馆用户体验的研究，并指向服务体验设计，强调个体感受而非所谓的大众感受。为了将博物馆用户的动机置于具体语境中，本研究基于游戏化的用户画像，探讨了以不同动机为特征的用户画像的博物馆服务体验。通过前面的章节，特别是对 Bartle 玩家类型模型的解释、运用和调整，总结形成了一个全面的模型，可用于识别代表四类博物馆年轻用户的用户画像（图 4.1）。该模型主要涵盖了向候选人分发和收集问卷（Bartle 测试），根据测试结果将受试者划分为四个类别，并使用定量数据、结合一对一访谈选择最终参与该研究的理想的用户画像。

该模型阐明了基于 Bartle 测试的用户画像选择过程，具体包括：分发和收集 Bartle 测试问卷；根据受访者得分（百分比）最高的个性倾向，将候选人划分为四个类别，并对每个类别中的人选进行得分从高到低的排序；通过参考"最高分项"和"最高分项与次高分项之间的差异较大"这两个标准，从四种类型的候选人中选择相对理想的用户画像，其后还通过与受访者之间进行访谈确定最终用户画像。通过该模型的运用，最终得出每种类型玩家的比例为 37% 的社交者、33% 的探索者、28% 的成就者和 24% 的攻击者。

总之，本研究使用具有明确动机的基于游戏化的真实用户作为用户画像来探索博物馆服务体验。选择用户画像的目的是尝试深入了解用户在博物馆语境下的独特动机，这是对博物馆用户群体的细分。为了适应这一理念，本研究采用了 Bartle 所确定的基于游戏化的玩家模型。不仅如此，本研究还探讨并开发了上述实用模型。从方法学的角度来看，将定量（问卷）和定性（访谈）方法相结合，以缩小候选人范围，使所选用户画像更加可信。

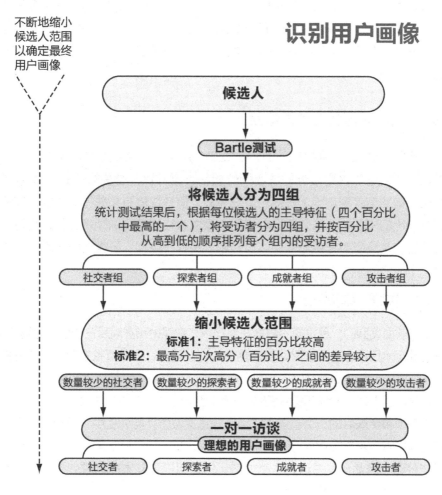

图4.1　基于Bartle测试的用户画像选择模型

4.3　用户画像的博物馆服务体验

正如第 1 章中的"1.3 问题陈述"这一小节中所指出的，诸多学者明确表示，在博物馆面对的各种挑战中，最为关键的是确定博物馆服务系统中用户的正面体验与负面体验。因此，本研究在第 1 章中提出了一个至关重要的研究问题，即探索用户画像在博物馆参观中的服务体验这一主要问题。接下来，根据该问题提出对应的若干子问题。为了回应这些子问题，研究结果被分解成如下结构：负面体验、正面体验以及各类用户的参观动机。每个部分都被细分为若干子主题，并依次对其进行解释。在对研究结果进行解释的过程中，表格中的参考点数量（编码频率）可帮助研究者识别哪些主题、观点是多次提及的，哪些是很少发生的。

4.3.1　博物馆服务的负面体验

关于负面体验，Falk 与 Dierking（2013）指出："感到迷失，找不到坐下放松的地方，或者不确定最近的洗手间位置都可能导致不愉快的体验。"本节描述了负面的博物馆参观体验，包括功能性体验、情感性体验和独特性体验。在解释这些归纳出的主题时，研究者没有按第 3 章中表格里内容的顺序进行，而是根据体验的层次及编码参考点总数量多少对部分主题、类别、子类别顺序进行了重新排序。

4.3.1.1　主题：功能性体验

正如前面提到的，尽管原始数据在参观前、参观中和参观后三个阶段分别收集，但在这几个阶段存在许多交叉甚至模糊的边界。因此，在分析数据时，研究者将所有数据视为一个整体。

在对数据进行几轮编码的过程中，研究者发现功能性体验成为用户画像在参观前、参观中和参观后的一个普遍关注点。在这次服务体验调查中，用户需求可以被解释为服务将为用户提供哪些具体功能。简而言之，服务的功能性指的是用户从中获得了什么。因此，本书认为功能性满足的是用户最基本的需求。在"功能性体验"主题下列出来六个类别（表 4.1）。

在表 4.1 中，有几个主要的量化列显示为"类别（编码参考点总数量）""每个用户提及特定体验的次数""单个用户提及特定体验的最高次数"和"该子类别编码参考点数量"。其中，"每个用户提及特定体验的次数"列被细分为四个子列（社交者、探索者、成就者及攻击者），表示每个用户画像提及（或从行为中表现出）特定问题的次数。对于这些量化的定性数据，按照从高到低的顺序进行排序以在一定程度上突显它们亟待被解决的程度。

表 4.1 "功能性体验"主题下的类别、子类别及特定体验提及次数

| 类别(编码参考点总数量) | 子类别 | 每个用户提及特定体验的次数 | | | | 单个用户提及特定体验的最高次数 | 该子类别编码参考点数量 |
		社交者	探索者	成就者	攻击者		
直观使用(181)	更易使用	23	39	37	17	39	116
	高效	6	11	17	7	17	41
	界面元素有序	3	10	9	2	10	24
功能优(147)	兼容性	23	33	22	27	33	105
	功能报错	7	5	5	7	7	24
	深度与实用性	4	3	6	0	6	13
	必要的服务	4	0	0	0	4	4
	更安全	0	1	0	1	1	2
感官吸引(27)	气味	6	1	5	0	6	12
	空间感知	4	1	1	5	5	11
	视觉感知	1	1	2	0	2	4
互联互动(15)	互动	1	10	4	1	10	16
	一致性	0	1	1	0	1	2
	联结感	1	0	1	0	1	2
省钱(8)	物有所值	1	1	5	1	5	8
智慧辅助(4)	助手	0	2	2	0	2	4

（1）直观使用

理想情况下，无需被告知使用规则，用户在使用时会凭直觉理解产品或服务的运用，因为设计符合其内在期望。在这次服务体验调查中，对于直观使用的负面体验进行了深入讨论，并分为三个子类别：更易使用、高效和界面元素有序。以下解释了在这些方面存在的负面体验。

● 更易使用

人们更喜欢使用产品或服务时有一种自然且易用的体验；相反，当出现不必要的复杂设计时，可能会令人沮丧。四个用户画像共提到了在"更易使用"上的负面体验 116 次。本节在功能性和可用性的维度上对其进行解释。

没有功能就意味着无用。功能性满足是用户最基本的需求，因此对产品或服务使用目的的追求被视为必然。而可用性可以被看作是学习和使用系统的便捷程度。功能性和可用性这两个维度是密不可分的。然而，功能性目标相对容易实现，而可用性体验常常存在负面反馈。通过观察和访谈调查对象，研究者分析出在这方面的一些负面体验。

尽管功能性满足是一种基本需求，然而用户的反馈反映了在使用智能导览应用时出现定位不准确的情况。关于这一点，正如探索者所述：

虽然它可以实时定位，但如果你仔细观察就会发现它的定位与实际所处地点相差很大。——探索者（摘自情境访谈转录文本）

这说明导览应用程序的功能性尚未实现，并且不容易使用。当涉及票务预订系统的复杂使用程序时，通过观察记录用户的屏幕和用户记录的体验卡片，研究者也发现一些缺陷。根据以下摘录可知，用户不清楚为什么会出现提示以及提示的含义：

购票过程中，输入身份证号码时提示"格式不正确"，但原因不明（图4.2）。——成就者（摘自观察视频转录文本）

虽然有支付宝图标的选项，但是无法使用。具体来说，选择支付宝付款方式后，打开的页面提示"您需要的信息不存在"。她尝试了两次，但仍然无法使用支付宝。——成就者（摘自观察视频转录文本）

从以上摘录可以看出，一些莫名其妙的提示使用户感到困惑，用户不确定是他们操作不当还是他们不理解技术术语。除了上述"摸不着头脑"的提示信息外，界面设计也较为复杂且不便于使用。正如社交者所回忆的：

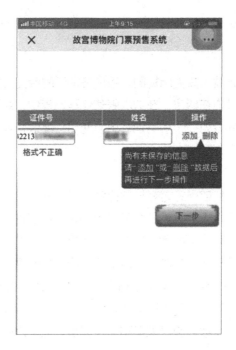

图4.2 提示"格式不正确"的原因不明

由于信息重复，预订过程很复杂。——社交者（摘自体验卡片记录文本）

困难就是订票的时候……呃，那个……你要想额外参观那些珍宝馆，我以为就是它会在一个框里（同一个界面），然后我预测界面下方会出现额外订的票。但是事实上，它是出现在了下一步中（下一个界面）。我觉得如果（所有的票）合并在一起（在同一个界面显示）会比较方便一些。——社交者（摘自情境访谈转录文本）

上述社交者指出，界面设计和操作流程不直观。还有一些用户对故宫博物院官方网站的"流程"感到困惑。以下摘录显示了攻击者和社交者对官方网站可用性的评论：

点开手机版的页面之后，再跳转到另外一个页面，它可能就会变成电脑版的页面，让我的操作变得非常混乱。——攻击者（摘自情境访谈转录文本）

它弹出来页面的时候需要复制网址。点那个网址之后，它会弹出选项："复制"和"搜索"。但是点那个"搜索"弹不出新页面。你只能去点"复制"（图4.3），然后再点开浏览器去"粘贴"后才能打开网店页面，比较烦琐。——社交者（摘自情境访谈转录文本）

图4.3　移动版网站和电脑版网站之间的突然跳转让用户感到困惑

正如上述所提到的，移动版网站和电脑版网站之间的突然跳转让用户感到困惑，而输入网址（URL）也很烦琐。此外，许多人认为支付应该符合用户习惯，而现在的支付方式并不方便。以下摘录描述了在线购票和博物馆内现场购物支付的情况：

他应该是找不到适合自己的支付方式，面对页面犹豫了一会儿，然后退出了。——探索者（摘自观察视频转录文本）

我就想买一瓶冰水喝或者买一只冰棍吃，而他们只收现金，但是我没有带现金，我只带了一台手机。——探索者（摘自情境访谈转录文本）

● 高效

任何用户体验的努力都旨在提高效率，其本质是帮助人们更快地工作并减少错误（Garrett, 2011）。四位用户共提到了在高效方面的负面体验 41 次。本节通过表明导视系统和标识的重要性来解释效率问题。

导视系统帮助人们知道他们在哪里以及他们可以去哪里，它也被视为一种"导航"设计。至于导视系统的清晰性，多个用户在访谈中一致表示在寻找餐厅时遇到了相当大的困难。以下摘录中有明显的证据显示导视信息不清晰：

还有它的位置标注的也不叫餐厅，而叫"冰窖"。没有标明这是吃东西的地方，你需要去找。其实我们也是来来回回找了几趟才找到，不好找……此外，里面也没有看到有具体线路的大一点的地图，就是人们可以按路线走的那种地图。或者说，工作人员应该发给我们（地图），但是他们也没发给我们如小卡片、地图什么的。——成就者（摘自情境访谈转录文本）

因为没有明确标示这里是餐厅（尴尬的表情）。第一次经过时没发现，第二次经过的时候就发现在门口有一个小型的 A 字立牌，上面有菜单，这才发现（它是个餐厅）。"哦，原来这里是餐厅啊。"——探索者（摘自情境访谈转录文本）

当时我找的时候，牌子上也只写了"冰窖"两个字，我也不知道那是什么（图4.4）。——社交者（摘自情境访谈转录文本）

上述摘录表明，含糊名称在信息识别上给游客带来了麻烦，对于人们迅速找到特定位置来说是一个阻碍。除此之外，攻击者、成就者和探索者在访问故宫时提到了不显眼的标识问题：

我觉得故宫的导视牌有点小，在庞大的人群里面并不引人注目。——攻击者（摘自情境访谈转录文本）

介绍性导视牌非常小，放置的位置不明显。——成就者（摘自体验卡片记录文本）

图4.4　餐厅导视牌

介绍性标牌的位置不对……介绍性标牌的位置偏差太大，安装位置不科学。——探索者（摘自情境访谈转录文本）

在故宫博物院存在诸多不科学的导视牌设计。在受访者的进一步回答中，证明这种设计降低了观众参观的效率，甚至妨碍了他们迅速理解所观察到的事物。上述访谈转录文本主要涉及导视牌的大小和位置问题，而作为用户画像之一的成就者等用户则提到了导视牌的数量有限：

还有大殿门前的那些缸，我可能不太懂它们是干嘛的，但是又没有介绍其功能。其实还有许多小的地方的东西它都没有介绍的。——成就者（摘自情境访谈转录文本）

针对上述成就者的情境访谈摘录，再结合观察视频、照片分析，可以看出成就者的表述并不准确。图4.5为太和殿平台西侧铜缸，其介绍性文字在旁边的一个立牌上。然而这个立牌距离铜缸的位置稍远，再加之人流较大，不容易被参观者发现。

由上述内容可知，若导览系统在大小、位置、数量、形式以及明确的信息方面设计不慎，将不可避免地影响游客的参观效率，并引发沮丧情绪。这强调了在博物馆环境中，导览系统的精心规划对于提升参观体验至关重要。正确的设计不仅仅涉及标牌的物理属性，更涉及信息的传达方式和呈现形式。通过仔细考虑这些因素，可以确保游客更为迅速而深入地理解展品，从而提高他们的参观满意度。这也为博物馆提供了改善导览系统的契机，以创造更富教育性和愉悦感的文化体验。

图4.5　太和殿平台西侧铜缸

● **界面元素有序**

在这项研究中，对于官方网站的有序布局或排列，意味着以更适合用户的方式安排网站元素。关于负面体验，本节主要指出在部分无序的网站布局中存在一些信息不清晰的情况，导致操作混乱。当被问及个人遇到了什么困难时，成就者回答道：

就是在使用导览地图的时候，当点击那个首页，其实你根本就不知道点哪里才能够进入导览地图。然后你得试一下，我点了一下那个交通地图，才发现导览地图其实是属于交通地图里边的功能。所以刚开始进去的时候还是挺蒙的，就是那种"我点击哪个呀？它在哪呢？"的感觉。——成就者（摘自情境访谈转录文本）

官网上VR图标的位置并不明显。——成就者（摘自体验卡片记录文本）

上述成就者对网站信息布局的评论和记录表明，常用信息被隐藏得太"深"，这是错误的网站元素组织方式。在谈到官方网站上的文创商店及交通路线的布局时，探索者提到：

我觉得不好的方面就是，在点开页面之后，每件商品依次展示……这样一个一个摆开的话，一眼看上去是很眼花缭乱的。——探索者（摘自情境访谈转录文本）

它（交通路线页面）的排版做得不是很好。它的版式让人一眼看下来就像吃了一个大馒头，"很干、很噎"，一大串字根本没法"消化"。看了第一遍后，就像是什么都没有看懂一样，还得再看一遍。——探索者（摘自情境访谈转录文本）

针对上面指出的界面元素无序布局问题，在第一段摘录中，通过深入访谈，探索者用户画像进一步解释道，文创商店的产品展示应该像淘宝店一样按照类别进行界面组织。而在第二段摘录中，可以看出探索者认为交通路线展示不直观，导致阅读速度较慢。此外，通过对体验卡片和转录文本的回顾，还发现了一些界面设计问题。例如售票系统的字体较小，文本输入框（控件）显得过于狭小。

（2）功能优

功能优，或者说功能运作更佳，这一体验可以用诸如更快、更安全、更持久、更强大等词汇来描述，正如 Garrett（2011）所言："一个设计良好的产品是履行其承诺的产品。而一个设计不善的产品则是在某种程度上未能履行其承诺的产品。"在这项研究中，我们对"功能优"方面的负面体验进行了解析，并将其分为五个子类别：兼容性、功能报错、深度与实用性、必要的服务、更安全。

● 兼容性

兼容性可以影响功能，它指的是系统之间协调程度的高低。在兼容性方面的负面体验中，受访者提到了两个方面，即移动终端错误和移动终端兼容性。四位受访者共提及了相关问题 105 次，这凸显了兼容性问题存在的普遍性和严重性。

在四位受访者中，除了成就者使用 iOS 系统的 iPhone 手机外，其他人使用的是 Android 系统手机。在采访中，他们对于没有适合下载或安装的版本感到困扰。例如，一些应用程序没有 iOS 版本或 Android 版本，或者只能安装在 iPad 上而不能安装在智能手机上。在解释这些困扰时，他们指出：

我想下载那个名为《掌上故宫》的应用程序。因为我使用的是 iOS 系统手机，所以它根本不在我的应用程序商店里。我找不到它，无法下载。——成就者（摘自情境访谈转录文本）

然而下载的时候才发现只有 iPad 才可以玩，手机是根本不能玩的。——成就者（摘自情境访谈转录文本）

我对《故宫社区》应用程序还是挺感兴趣的，但是它不支持安卓手机。——社交者（摘自情境访谈转录文本）

当被问及是什么使他们的体验变得不愉快时，他们回答道，最让人感到沮丧的是博物馆未提供能够良好运行的移动终端程序。比如，在操作应用程序、玩游戏或观看视音频节目时，无论使用何种手机系统，即使能够运行，有些功能依然无法正常使用。这一问题在观察、采访以及体验卡片记录中都有所提及。

下载的应用无法打开，导致手机崩溃。——攻击者（摘自体验卡片记录文本）

我点开之后，发现它面向的只是 iOS 用户……我没有 VR 体验，这是令我比较失望的。——攻击者（摘自情境访谈转录文本）

除了上述问题，四位用户最频繁提到的是在智能手机上玩故宫博物院开发的网页游戏时，无法正常拖动或点击元素。不论他们使用何种系统的手机，四位用户都一致感受到了这一负面体验：

他在操作时提到很多游戏无法进行点击或拖动。——攻击者（摘自观察视频转录文本）

她继续玩了一些游戏，问题都是无法拖动游戏元素，只能点击。——社交者（摘自观察视频转录文本）

点击它没有反应，拖动时也无效。我发现有六款游戏存在同样的问题。——探索者（摘自体验卡片记录文本）

她选择了第一个游戏，但她完全无法拖动那些应该被拖动的界面元素。——成就者（摘自观察视频转录文本）

它（系统）提示要拖动，然后我拖不动，完全拖不动。我尝试了好几款游戏，都是同样的问题，根本不能继续玩下去。——成就者（摘自情境访谈转录文本）

除了上面提到的问题，还有一些在显示方面不太恰当之处。用户觉得博物馆开发的应用程序更适合在台式电脑上使用，而对手机用户的考虑似乎不够充分。一些用户通过直观感受得出了这个结论，而另一些用户则在台式电脑上亲自验证了这一点：

其间，她不断变换着坐姿，时不时叹气。屏幕上的文字很小，她需要手动放大界面，左右拖动才能阅读整个段落。——成就者（摘自观察视频转录文本）

好像很多游戏只有在电脑上才支持。——社交者（摘自情境访谈转录文本）

如果说这些游戏放在电脑上的话，当然可以正常操作。——探索者（摘自情境访谈转录文本）

提到移动终端错误的不良体验，主要体现在无法打开或易崩溃的应用程序上：

有好几个游戏是点不开的，导致无法玩，也不知道它整体的难度是怎么样的。——攻击者（摘自情境访谈转录文本）

应用程序很容易崩溃。——探索者（摘自体验卡片记录文本）

他重新进入应用程序，拖动了几次，界面提示："应用程序错误"，然后该应用自动退出。——探索者（摘自观察视频转录文本）

● 功能报错

在这项研究中，报错指的是莫名的错误提示。错误提示的结果是相关功能无法实现。在前一类别"直观使用"的子类别"更易使用"中提到的功能问题被认为不算过于糟糕，但不易使用。而在当前子类别"功能报错"下，主要涉及的是功能极差的服务。通过对用户进行调查，以下主要展示了在故宫博物院网络信号方面的负面体验。关于这一点，正如四位用户所指出的：

网络特别差。——成就者（摘自体验卡片记录文本）

然后，他进入博物馆官网下载，但在打开下载链接后，页面显示"404 错误"，无法下载。——攻击者（摘自观察视频转录文本）

如果来到故宫之后再下载这个 APP 的话，又遇到故宫内信号非常差的问题，无法下载。——探索者（摘自情境访谈转录文本）

网不行。我尝试了它（博物馆）的 Wi-Fi 和自己的移动网络，都不太好，没有信号。我打开自己手机的商店去搜索这个 APP，点了三四次，一直都是网络不能加载。最后提示我："网络崩溃，要不要检查网络？"（无奈地笑）——社交者（摘自情境访谈转录文本）

根据上述摘要，不仅故宫博物院内的 Wi-Fi 几乎等同于"不存在"，即使用户使用自己的移动网络，信号也几乎为零。在故宫博物院的负面体验中，网络信号问题可能是四位用户遇到的最显著的挫折。

● 深度与实用性

有三位用户提到了深度与实用性方面的负面体验。主要聚焦于诸多文创产品过于表面和不够实用。当被问及对这些产品创新的看法以及他们是否觉得其设计理念具有创新性时，成就者指出：

创新方面我觉得没有多少设计吧。主要都是以宫廷里面的人物、小饰品为元素，就是把以前本来就有的东西直接搬过来用，这对我们年轻人没有多大吸引力。——成就者（摘自情境访谈转录文本）

这表明在文创设计中，博物馆文化的再设计不够有深度，仅为元素的直接"移植"，创意不足。这也意味着故宫博物院的产品设计不应止步于肤浅的尝试，不应满足于表面的整合，而应与历史和传统文化相结合。当被问及他们对文创商店里产品的印象时，探索者言简意赅地回答如下：

深度不够。——探索者（摘自情境访谈转录文本）

上述回答准确总结了大多数纪念品的设计是缺乏深度的，这种外在设计缺乏对潜在文化的探索。此外，实用性不强是一些年轻人不愿购买的另一个原因。对于不实用的设计，接受采访的用户表示：

就比如说红包，我看后感觉可能只是一时的好玩吧，一旦买回去就觉得根本没有用。还有书签，其实大家都喜欢薄一点的书签，但它大部分的书签是那种特别厚的。——成就者（摘自情境访谈转录文本）

印象最深的就是书签。它的书签样式非常非常多，但是整体实用性并不是特别好。——探索者（摘自情境访谈转录文本）

受访者对实用性的不满也证实了故宫博物院的文创产品是日常必需品，其实用性是必不可少的。如果只是片面追求设计感，忽略了产品的实际价值，那么文化赋予的审美感只能是"空中楼阁"。

● 必要的服务

在这个子类别中，社交者提出了故宫博物院缺少现场售票窗口和无障碍通道的问题。具体而言，对于前者，故宫博物院的售票窗口已经不再开放，所有游客都需要在线购票。针对这种情况，社交者不仅在采访中提到了老年人在线购票的不便之处。同时，在与一个购票遇到困难的外国游客交谈后，社交者提到：

她们都不太好买票……外国人就不太清楚，她们和我们的生活习惯不大一样，可能没有微信这个软件。——社交者（摘自情境访谈转录文本）

因此，如果只保留在线售票渠道，一些游客将被拒之门外。同时，通过广泛了解，研究人员还了解到那些购票遇到困难的人的详细情况。实际上，没有在线支付能力的游客主要是老年人、外国游客以及一些因为手机没电或没有手机而无法在线购票的游客。因此，四位用户一致建议票务系统应该回归到线上和线下结合的方式。

社交者还提到了残疾人由于缺乏无障碍通道而难以爬楼梯的问题。在采访中，社交者指出了老年人和儿童的不便：

从第一个殿到第二个殿之间，有一个台阶，但是没有倾斜坡道。我当时就看着一些腿脚不方便的老人或者小朋友，他们爬台阶很困难。他们手里提着椅子，很难爬上去。——社交者（摘自情境访谈转录文本）

这说明了博物馆的基础是基于原始建筑的，设施可能并不那么完善，缺乏必要的整体设计。研究人员认为，这一问题在全国范围内的类似博物馆中是普遍存在的。

● 更安全

由心理学家马斯洛提出的著名理论"人类需求层次"将安全需求放在"金字塔"的第二层。毋庸置疑，安全在人类需求中起着重要的基础性作用。然而，它越重要，就越不太可能在采访中被受访者提到。就像去高档餐馆吃饭的人很少说他们是为了填饱肚子而来，因为这个需求太基础了，很多时候没必要再去提及。

例如，在服务旅行、影子计划和采访的过程中，尽管用户没有明确提到博物馆凹凸不平的道路，但研究人员通过影子计划对用户进行跟踪，得到了现场视频并将其转录，摘录如下：

室外地面坑洼不平，感觉很容易扭到脚。——攻击者（摘自观察视频转录文本）

当她走上台阶时，由于路面不平，她差点摔倒。——探索者（摘自观察视频转录文本）

以上内容表明，安全因素可能是被低估或忽视的重要方面。

（3）感官吸引

体验不仅仅涉及产品和服务，而且根本上是通过用户的感官来实现的（Garrett, 2011）。因此，有必要确定所有设计的东西如何在人们的感官中得以体现，比如视觉、听觉、嗅觉、味觉、触觉和潜意识。在这项研究中，我们通过数据分析得出了三个有关负面体验的子类别：气味、视觉感知和空间感知，以帮助理解感官吸引。

● 气味

由于四个用户都提到了气味问题，因此研究人员首先解释了这个子类别。气味是一种强大的情感催化剂，可以让人们瞬间联想到许多事情，这种效果甚至比视觉或听觉刺激更强烈。但不适宜的气味会带来负面体验。在这项调查中，从获取的研究数据看，用户的焦点主要放在故宫博物院的餐厅上。在餐厅里，整个用餐环境的气味可以影响到用餐者的第一感觉。在这方面，尽管这些气味通常是由食材选择而非设计师的决定产生的，但仍应该最小化气味对顾客的不良影响。四个用户画像都有提及这个问题，这表明每个人都有相对一致的负面体验：

通过分析视频，发现她说："里面的气味太浓了！"（怪味）——成就者（摘自观察视频转录文本）

空气的味道太重，不通风……有各种各样的菜，还有一种人的气味（汗味），混合在一起让我没有食欲。——攻击者（摘自体验卡片记录文本）

他捂着鼻子想要离开。——探索者（摘自观察视频转录文本）

通风也不是很好，且有奇怪的味道。——社交者（摘自情境访谈转录文本）

从上述情况看，每个人都对餐厅里的气味感到不适。在对用户进行仔细追踪观察的过程中，研究人员发现，在气味的影响下，身体语言比视觉感知更为强烈。幸运的是，一些用户的回答提醒了我们，通风可能有助于解决这个问题。

● 空间感知

故宫博物院每天的游客人数在 8 万人左右，一定有很多人去餐厅用餐。在这种情境下，四位受访者中有两位反映博物馆内的餐厅狭窄拥挤：

它里面可容纳的游客量太少了。——成就者（摘自情境访谈转录文本）

我觉得"冰窖"餐厅那个地方还是挺小的，里面的环境挺昏暗的。——社交者（摘自情境访谈转录文本）

上述评价不仅指出了餐厅空间狭小的问题，还提出了拥挤和狭小空间之间的矛盾关系。由此可见，空间问题也是环境昏暗的原因之一。

● 视觉感知

除了气味，用户还注意到了视觉感知方面的问题。视觉不仅仅包括审美问题，还包括一些更广泛的问题。例如，眼睛首先看向哪里？哪些元素将首先引起用户的注意？视觉流程是什么样的？这些都是经典的视觉问题。然而，该探索性研究发现，用户对光线昏暗和环境卫生不理想的问题有着深刻的见解。光线和卫生问题主要是由视觉开始引起的心理感觉。

例如，用户想象"冰窖"餐厅的建筑和室内设计应该如同冰块一样清晰透明，但实际效果没有用户想象得那么好。社交者在采访中提到了这一视觉问题：

我觉得"冰窖"餐厅那个地方还是挺小的，里面的环境挺昏暗的。——社交者（摘自情境访谈转录文本）

在对用户进行追踪时，研究人员发现故宫博物院大殿内的灯光也很昏暗，导致室内展品不够清晰。成就者认为如果遇到阴天，效果可能更糟糕。此外，对于博物馆卫生问题，成就者也指出：

很多游客不小心把垃圾丢在了地上。然而那些保洁阿姨也没有及时清理，应该是工作人员不够而导致的。——成就者（摘自情境访谈转录文本）

然而，这并不是四名用户提到最多的问题。在所有卫生问题中，故宫的内金水河水系引起了很多关注，这可以从三名用户的言行中得到验证：

看着水，她说："水太脏了。"——成就者（摘自观察视频转录文本）

他看着桥下的水，捂住鼻子转身离开，脸上露出厌恶的表情。——探索者（摘自观察视频转录文本）

我通过河岸时发现底下很深，我很好奇地去望了一眼，我就看底下那个水是绿油油的。——社交者（摘自情境访谈转录文本）

（4）互联互动

在互联互动方面，广义上涉及线上和线下两个层面，几位用户在互动、一致性、联结感等方面提到了他们的负面体验。具体来说，该研究中的互动、一致性、联结感的负面体验分别指博物馆游戏互动及在线信息互动、线上和线下之间的不一致性，以及故宫博物院通过在线媒体与观众保持联结的不尽如人意。

● 互动

良好的交互性设计能确保更高比例的用户有积极的体验，反之则反。研究人员认为，适应用户交互习惯的设计能使用户更容易获得积极的体验。关于习惯，Garrett（2011）指出习惯和本能是用户与世界进行交互的基础。在这项调查中，就满足玩家习惯而言，故宫博物院开发的游戏中"一局制"（或者说"单回合"）的问题是突出的负面体验。关于这一点，成就者在访谈中回答道：

其实内容挺益智的，但是太单一（枯燥）了吧。就是说，玩一遍大家就不会（再去）玩了吧。这些游戏好像很系统化，就只有这样的一轮闯关设置。——成就者（摘自情境访谈转录文本）

对于在游戏中遇到的"单回合、无关卡、无奖励"负面体验，成就者随后提出了她的建议，即不同的回合应该有不同的游戏情节：

比如说，我第二次玩的时候是另一个游戏（情节）就更好了。就是说通关的形式不一样，遇到的问题（关卡）不一样。——成就者（摘自情境访谈转录文本）

此外，探索者在浏览故宫博物院的全景视图（全景故宫）时表示，全景游览过于简单化，缺乏游戏机制和玩法。至于探索者如何表达他的观点，请参阅如下访谈摘录：

再就是太和殿中的两侧都有那个柜子。如果按照游戏（游戏机制）的想法来说的话，那些柜子应该是可以打开的。但事实上柜子是打不开的，这就让人觉得这是很表面化的一种东西，会让人想象柜子里面有什么东西，越看越想去打开它（焦急的表情）。——探索者（摘自情境访谈转录文本）

除了访谈中的用户回答外，以下摘录来自在跟随探索者进行实地观察后转录的文本，这也是用户对期望互动的证据：

他本来想打开一个柜子的门，但尝试了几次后无法打开……他还想打开一扇门的门，但仍然无法打开。——探索者（摘自观察视频转录文本）

以上所有情况均显示了在线资源互动设计的不足。其他受访者还提到了在线问答的响应问题。作为受访者之一，社交者在体验卡上记录了在线问答完成后没有出现正确答案或给出任何关于知识点的解释：

回答问题后没有正确的答案和解释。——社交者（摘自体验卡片记录文本）

● 一致性

在涉及一致性的话题中，两位用户的回答表明线上博物馆和博物馆现场存在不一致的情况。他们认为在线版的图像过于明亮，不够真实。这意味着作为古建筑类博物馆，实体的故宫博物院无法完全被在线版本所替代。至于成就者和探索者如何表达他们的看法，请参见如下摘录：

我觉得旧一点好，真实一点，那样你到了故宫就不会像我这样（失望）。——成就者（摘自情境访谈转录文本）

从舒服与否的角度来看的话，网上那种色调明亮一点的照片可能看起来会舒服一些。但是故宫代表着一种文化的集合，有着深厚的底蕴在里面。所以如果发灰一些，感觉更加古老、更加古朴一点。——探索者（摘自情境访谈转录文本）

这表明用户对实体博物馆感到更舒适。这也暗示着虽然在线资源能在一定程度上给人以沉浸感，但虚拟博物馆仍然无法取代实体博物馆。

● 联结感

在这项研究中，联结感主要指的是博物馆通过线上和线下渠道与观众保持联系（例如，观众迫切需要及时了解博物馆的信息）。对于这一点，以下是从与成就者的访谈对话中得出的解释，在一定程度上可以看出故宫博物院未能与观众保持实时联系。成就者表示：

我们去故宫博物院的时候，遇到了一个问题。我们从地铁站出来后，进不了博物院的正门。我不知道是不是在施工，我们得绕远路才能进去，您还记得吗？如果博物院在我通过网站购票时详细告诉我这种情况，我可能不会选那条路，我会有所准备。而且，故宫博物院的摆渡观光车是博物院自己搞的，但我们还得花钱才能进故宫。如果这些问题能够及时反映在博物院官方网站上就好了。——成就者（摘自情境访谈转录文本）

显而易见，前往故宫博物院的常规路线无法通行，需要支付博物院提供的摆渡车费用。成就者认为，这些信息并未在博物院掌握的相关媒体上发布。为提升游客体验，建议故宫博物院加强信息透明度，确保官方网站及时更新实时信息，提供详细指南，建立与观众的实时联结。

（5）省钱

省钱意味着物有所值。在这方面，这四位用户经常提到的维度是食品和文创产品的价格，以及收费的摆渡车。

对于后者，在前文与成就者的采访对话中，她提到了对故宫博物院提供的收费摆渡车的不解。她认为交通路线的不便是由博物院引起的（没有及时将实时交通信息反映在官方网站），观众不应为摆渡车支付费用。

至于前者，食品和文创产品的价格，它们也是观众进入博物院后的主要消费方面。在关于"钱"的负面体验方面，这些用户在采访中也多次提及。例如，在被问及文创产品时，他们经常回答"价格太高了""书签尤其贵，价格不太能接受""没有'便宜又好'的体验"。在餐厅价格方面，与文创产品的价格一样，这些用户经常提到"它们很贵"，有的用户也在体验卡片上明确标明"价格昂贵"。

因此，建议故宫博物院重新评估食品和文创产品的价格，提供更为实惠和多样化的选择，以满足不同游客的需求；优化交通安排，考虑提供更多的交通选择，以减轻游客的不便。这些措施将有助于提高游客满意度，增强博物馆的吸引力。

（6）智慧辅助

如果博物馆希望提供更好的参观体验，其中重要的一点就是使观众更"聪明"。对于这一点，在与用户的对话中，他们多次提到了对博物馆提供辅助设备的要求，希望让辅助设备作为助手来协助参观。

在对用户的采访中，其中最常提到的话题之一是故宫博物院提供了 VR 参观项目，然而没有提供 VR 设备（例如 VR 眼镜）来帮助游客获得他们应有的体验（图 4.6）。正如成就者所描述的那样，在扫描 VR 参观项目的二维码后，她得知这是关于养心殿的 VR 内容。可是她当时没有随身携带 VR 眼镜。与此同时，探索者也提到，人们没有携带自己的 VR 眼镜，不是因为眼镜的重量，而是因为它占用空间。

基于以上描述，在智慧辅助方面，建议博物馆提供 VR 设备，如 VR 眼镜，以辅助 VR 参观项目。为了解决游客不便携带 VR 眼镜的问题，博物馆可以考虑提供租赁服务或在需要时提供免费的可临时使用的 VR 眼镜。这种智慧辅助设备将使游客能够更深入地体验博物馆的展览和文化内涵，提升他们的参观体验感。

图4.6 养心殿线上VR体验二维码

4.3.1.2 主题：情感性体验

故宫博物院需要找到一种使用户在决策时更注重情感体验而非功能性体验的正确情感纽带。用户在思考时可能会问自己："这会给我带来怎样的感受？"简而言之，服务的情感性体验指的是用户在使用过程中的感觉。

因此，研究人员在"情感性体验"主题下确定了三类负面体验，包括"舒适感""求知欲"和"受欢迎感"。表4.2清晰展示了这三个类别。为突显它们亟待被解决的程度，编码次数也按从高到低的顺序排列，表示每个用户画像提及（或从行为中表现出）特定问题的次数。

表4.2 "情感性体验"主题下的类别、子类别及特定体验提及次数

类别 (编码参考点总数量)	子类别	每个用户提及特定体验的次数				单个用户提及特定体验的最高次数	该子类别编码参考点数量
		社交者	探索者	成就者	攻击者		
舒适感 (71)	轻松舒适	13	13	14	14	14	54
	随和	2	4	10	1	10	17
求知欲 (28)	设计创新	4	3	6	0	6	13
	胜任力	1	2	1	4	4	8
	信息丰富	0	0	1	6	6	7
受欢迎感 (22)	友好感	6	0	6	7	7	19
	受尊重感	3	0	0	0	3	3

（1）舒适感

博物馆应当致力于让用户对其所提供的服务感到舒适。当用户感到舒适时，这种情感通常可以用"轻松""随和""关怀""呵护"等词语来描述。在"舒适感"这一大类别下，又分为两个子类别，即"轻松舒适"和"随和"。

● 轻松舒适

"轻松舒适"这一子主题下的编码参考点数量为 54 次。根据分析结果，四位用户均提到在参观过程中缺少轻松的状态。通过调查，他们发现问题主要集中在两个方面：一是观众太多，显得拥挤且嘈杂；二是休息区不够，虽然提供了长凳，但没有遮阳伞或雨棚。

通过不断分析摘录文本，发现每次游客到达一个地方，都会受到拥挤和来自周围观众的噪声困扰，他们总是被困在人群中，无法自由自在地欣赏。用户在回顾博物馆体验时反映出这一点，研究者也从观察视频和体验卡片上的记录中得出了诸多证实。以下是一部分摘录：

人流量太大，自由活动的难度增加。——探索者（摘自体验卡片记录文本）

她站在太和殿入口处拥挤的游客中间，试图看清殿内的情况，但由于人太多，她无法靠近宫殿。——成就者（摘自观察视频转录文本）

大殿门口的观众太多了，外面拥挤不堪。门口没有秩序，也无人管理。观众不允许进入大殿内部，于是她拿出手机，试图在门口外面拍下殿内的场面，但是因为人群太多挡住了视线，最终她放弃了拍照。——社交者（摘自观察视频转录文本）

游客们大声交谈，嘈杂不安。——攻击者（摘自观察视频转录文本）

此外，其中一位用户反映了一个事实，即上述拥挤情况在雨天情况下会变得更糟：

如果大家都打雨伞的话，会非常影响其他游客的观看效果。毕竟雨伞那么大，而且基本都在头顶上方。踮起脚来看前方的时候，眼前全是伞（无奈）。——探索者（摘自情境访谈转录文本）

以上仅为摘录的一小部分。通过对转录文本的更为详细的审视，研究者发现许多观众只是沿着中轴线单向行走，导致道路变得非常拥挤。例如，探索者提到："基本上 99% 的游客直奔太和殿，对两侧的偏殿不感兴趣。"人群拥挤的困扰使得游客无法畅游景点，也无法正常拍照。这些问题被四位受访用户多次提及。针对这一问题，一些用户在采访中建议，通过有效使用标识或其他方式引导游客分流可能是一个解决方案。

第二个方面的问题主要集中在故宫博物院的休息区，即休息区不能满足游客需求。虽然提供了长凳，但没有配备遮阳伞。在这种情况下，游客无法感到轻松，而是感到疲惫。

显而易见，拥挤的人群造成了令人沮丧的参观体验，大家都在匆忙中进行游览。此外，博物院并未提供足够贴心的休息区，进一步加剧了本就十分疲惫的游客的负面体验。这种局面显然对整体游览的品质产生了不良影响。为了改善这一情况，有必要采取一些措施来提升游客的整体体验。

● 随和

一些用户提到，部分工作人员的能力表现不佳。在对用户进行观察时，研究者发现其中一位用户在查看交通路线指南时感到有些困扰。在他发现给定的路线都是公交路线而非地铁线路后，他迅速向在线客服咨询。通过继续观察该用户手机屏幕，得知问题并未得到很好的解决。该用户对客服人员的评价是"一般"。至于"问题是否得到解决"，他选择了"未解决"。随后，他在体验卡片上表达了自己的感受，如其所述：

客服人员的工作能力不尽如人意。——探索者（摘自体验卡片记录文本）

然后我问了客服有关附近有没有地铁站的问题，客服回复我说这得需要我自己通过地图软件去寻找。——探索者（摘自情境访谈转录文本）

其他用户则认为工作人员的态度欠佳。对于这个问题，用户主要评论的是文创产品商店的工作人员。具体而言，商店内没有明确的"禁止拍照"标识，然而工作人员阻止游客拍照。通过观察，研究者发现一名工作人员对其中一名受访用户说："先生，出去拍，到外面拍！"她补充说商店内不允许拍照。接着，成就者在体验卡上记录了她的感受："一些工作人员的态度不友好。"她进一步阐述道：

因为每天去的游客比较多嘛，所以我想相应的服务人员也多。然而，当我到了那里，我发现服务人员特别少。而且据我所想象，故宫博物院的志愿者应该会引导我们，如果游客遇到不清楚的事情（可以向志愿者询问）。——成就者（摘自情境访谈转录文本）

以上显示博物馆的实际情况与期望不符。此外，他们还提到保洁人员较少。如社交者所言：

工作人员很少，不可能及时清理干净……今天我在那里休息时，看到一位游客把水洒了出来（图4.7）。由于该区域缺少工作人员处理，洒出的水慢慢地干了。现场有很多老人和小孩子，万一因为清洁不及时而滑倒了就不太好（安全隐患）。——社交者（摘自情境访谈转录文本）

图4.7　游客洒的水长时间未清理

（2）求知欲

求知欲是一种对知识的好奇心。具有求知欲的人渴望通过体验获取新知识，尽管这可能会使其在获取深度知识方面有所付出。而能够满足用户对知识的好奇心的产品或服务通常被描述为"博学""能干""智慧""聪明"等词语。在这项研究中，有关"求知欲"的负面体验，研究者总结了三个子类别，即设计创新、信息丰富、胜任力。以下是对这些问题和局限的详细解释。

● 设计创新

在设计创新方面，三名用户都提出了他们对文创产品设计深度的负面体验。他们一致认为大多数纪念品设计过于表面。以下是一些关于负面体验的摘录，其中一些在先前的解释中已经出现过，这意味着某些文本数据可以同时编码到不同的节点。

在涉及设计的深度或内涵时，用户多次提到缺乏创新和未深入挖掘底层文化的问题。一些回答甚至提到大多数产品都非常肤浅和幼稚。成就者和探索者指出：

我发现都是一个套路，创新方面我觉得没有多少设计吧。主要都是以宫廷里面的人物、小的饰品为元素，就是把以前本来就有的东西直接搬过来用，这对我们年轻人没有多大吸引力。——成就者（摘自情境访谈转录文本）

没有深度……我总觉得不够深刻。——探索者（摘自情境访谈转录文本）

以上所有都显示出故宫博物院文创产品的设计不够深刻。缺乏创新容易导致纪念品的重复，以至于产品类别有些单一和重复，这可以从用户的言论和体验卡片上的记录中得知。例如，当社交者参观文创产品商店时，她自言自语："这和刚才的产品一样！"而攻击者在卡片上写道："产品太俗气，风格太单一。"这表明目前的衍生品类别不符合年轻人对多样性和个性化的需求。

● 信息丰富

在该子类别下，用户的负面体验仍然集中在博物馆文创产品商店，具体来说是关于文创产品的陈列。在商店的产品展示方面，用户提出了关于商品的样品和标签问题，这导致游客无法获得有关产品的全面信息。

在这方面，只有成就者提到，产品鲜有已拆开包装的样品，这导致了展示不够全面，使游客难以全面了解产品的内部情况。然而，这并不代表这个问题不重要，事实上，在一定程度上它能够影响人们的购买决策。以下是在观察成就者行为期间的现场观察摘录文本：

她指着一些封装精美的书说："没有一本书是已经拆开供大家阅读的。"——成就者（摘自观察视频转录文本）

同样，探索者也拿起两本书看了看，但它们都被封装起来，他无法看到书的内容。另一方面，产品标签的问题也已经不止一次地被提及。正如攻击者所指出的：

有几个产品看上去比较好看，也有想买的欲望，但是没有写相关的介绍，比如它是怎么设计出来的。只是看着挺好看，但是我不知道它里面的内涵是什么样的。——攻击者（摘自观察视频转录文本）

在游览文创产品商店时，攻击者反复问了类似这样的问题："这幅画的作者是谁？"这表明他想了解更多关于产品的信息。在产品信息方面，社交者还强调了一些商品缺乏价格标签，或者只有一个缺乏详细信息的标签。

● 胜任力

在当前博物馆语境下，胜任力（能力）主要指用户（玩家）能否驾驭故宫博物院开发的特定游戏。关于能力，在采访中，用户提到了游戏的复杂性。简而言之，一些游戏需要特定的知识，否则无法进行游戏。尽管他们对知识充满好奇心，但一旦游戏超出了玩家的能力范围，用户就会感到沮丧。

在谈到对故宫博物院特定文化的了解时，几位受访用户提出，文化储备不足的用户无法玩这些游戏。有两名用户提到：

比如说，有的小学生也想玩故宫游戏，可是他们不懂历史啊，完全就是瞎玩。——成就者（摘自情境访谈转录文本）

我觉得不好的体验可能就是在游戏方面吧，有的游戏可能是很难的。玩家的文化底蕴不够的话，有的游戏真的玩不了（笑）。——攻击者（摘自情境访谈转录文本）

随后，攻击者谦逊地补充说明他对文化的了解有限，因此在游戏中面临更多挑战。通过实地观察记录和体验卡片的记述，可以观察到他两次提到《皇子的课表》游戏中的个别内容过于专业化，让他难以理解（图4.8）。他建议在现有游戏中增加一些更为简单的选择。

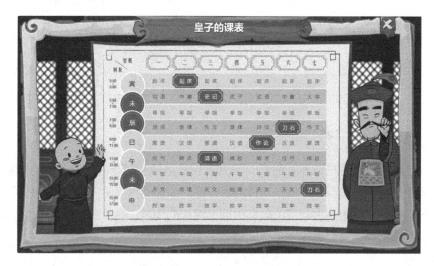

图4.8　故宫游戏《皇子的课表》

基于以上内容，针对故宫游戏开发，首先应提供多样性的游戏选择。考虑到不同用户的知识水平和文化背景的差异，建议在游戏中增加一些更简单、易理解的选项，以满足更广泛的用户需求。可以设计适合各年龄段和文化水平的游戏。其次，提供适当的游戏解说和引导。在游戏中提供详细的解说和引导（如游戏规则、历史名词解释），帮助用户更好地理解游戏内容。形式上可以设置简短的教学视频、提示，以确保用户能够充分参与并享受游戏体验。

（3）受欢迎感

受欢迎感主要指故宫博物院给游客留下的友好感和受尊重感。例如，博物院室外休息区面积有限，且提供的长椅没有遮阳伞，这让游客感到欠缺友好。此外，无障碍通道的缺失或不足则在一定程度上忽略了对特定参观人群的尊重。这个编码类别通俗易懂，因此不再展开赘述。

4.3.1.3　主题：独特性体验

可以说，在某种程度上，这部分带来了一些出乎意料的发现。在对特定类别——历史建筑博物馆进行的服务用户体验研究中，涌现出两个关于一系列独特问题的主题，分别是"对毁坏的共鸣"和"独特感"。换句话说，历史建筑博物馆体验研究中更容易出现一些在常规博物馆中不常见的话题。表 4.3 展示了这些类别，接下来对每个类别进行更详细的讨论。

表4.3　"独特性体验"主题下的类别、子类别及特定体验提及次数

类别（编码参考点总数量）	子类别	每个用户提及特定体验的次数				单个用户提及特定体验的最高次数	该子类别编码参考点数量
		社交者	探索者	成就者	攻击者		
对毁坏的共鸣 (11)	—	0	0	6	5	6	11
独特感 (5)	—	4	0	1	0	4	5

（1）对毁坏的共鸣

通过对三角数据的收集和分析，研究发现故宫博物院作为一座古建筑博物馆，受访者更加关注它的保护问题。具体而言，他们关注的焦点是人为破坏的建筑，特别指出的是，成就者对古建筑的破坏表现出深切的同情。有趣的是，在对她参观过程的跟踪观察中，研究者还发现她留意到一名男游客为一位触摸古建筑窗户的女士拍摄旅游照（图4.9）。随后，在她的体验卡上，她也提到游客对博物馆建筑可能的破坏，以及博物馆缺乏足够的保护标语，使游客容易失去对保护历史建筑的警惕。在采访中，成就者详细描述了上述问题：

图4.9　可能会破坏古建的拍照、触摸行为

还有一个方面就是关于保护意识……我注意到一名男游客，他在触摸那扇门的时候用手抠。想想看，如果频繁抠的话就会对古建筑造成破坏……那里可能需要一个提示性的海报，或许会起到很好的效果。我觉得故宫博物院在文物保护方面可能还有进一步加强的空间。——成就者（摘自情境访谈转录文本）

简而言之，成就者认为故宫博物院应该设置一些海报进行提示，以提高观众的文物保护意识。在观察视频中，研究者也看到游客触摸建筑物墙壁上的门窗，有的游客甚至直接坐在建筑物的门槛上。这都说明历史建筑类博物馆需要呼吁观众加强保护文物的意识。可见，对毁坏的共鸣是古建博物馆中相对独特的体验，在常规博物馆中并不常引起观众共鸣。

（2）独特感

在当前古建博物馆研究语境下，独特感意味着故宫博物院有其独特的风格。对此，受访者主要提到了装饰和食物的特色。

在室内装饰方面，受访者提到了文创商品商店和冰窖餐厅缺乏特色。具体而言，故宫博物院的特色餐厅被称为"冰窖"，故宫冰窖建于清乾隆年间，为半地下拱券式窖洞建筑，清代时专为皇宫藏冰，供夏日消暑食制之用。然而，对于社交者来说，进入冰窖餐厅后的感觉并非她所想象的那种清凉感。社交者指出：

我想象中那些建筑和室内设计应该是像冰块一样的晶莹剔透的感觉（憧憬的表情），但是实际并没有想象的那么好（图4.10）。——社交者（摘自情境访谈转录文本）

图4.10　冰窖餐厅

在提到冰窖餐厅的装饰风格时，社交者进一步总结，餐厅的装饰风格与整个故宫的形式不一致。事实上，博物馆确实应该保留其传统角色及特色（Kannès，2016）。对于这种不相匹配的风格，社交者提到：

这个就是两种不一样的风格强行组合在了一起。——社交者（摘自情境访谈转录文本）

至于文创产品商店的特色问题，她认为纪念品店同样没有继承紫禁城的风格。社交者指出：

文创店的话，还是偏向于现代风格的商店吧。——社交者（摘自情境访谈转录文本）

食物的特色缺乏显著的皇家风格。成就者指出，目前冰窖餐厅呈现相对现代化状态，以西式菜肴为主，提供的中西合璧的菜品相对来说更趋向于现代风格。这些体验在餐厅中显而易见，其更多体现了一种现代与传统之间的混搭，而非突出传统皇家风格。

4.3.2 博物馆服务的正面体验

这一部分解释了与两个主题相关的正面体验：第一个主题是"新文创"，第二个主题是"参与感"。

4.3.2.1 主题："新文创"

"新文创"这一概念最初由腾讯集团副总裁程武提出。程武表示，"新文创"是指通过渠道的集中连接来相互促进内容的文化价值和产业价值（He，2018）。简单来说，新文创是指以知识产权（IP）建设为核心的艺术生产方法，其主要目的是创造更多具有广泛影响力的中国文化符号。这也是一种基于"技术 + 文化"的战略。

对于故宫博物院而言，它在礼品、美妆、壁纸、动画、游戏、视音频等文化创意领域取得了显著成绩。相应地，在故宫博物院的新文创发展方面，用户提出了两类正面体验，即"教育娱乐性"和"跨界设计"。表 4.4 展示了这两个类别并对每个类别进行更详细的讨论。

表 4.4　"新文创"主题下的类别、子类别及特定体验提及次数

类别（编码参考点总数量）	子类别	每个用户提及特定体验的次数				单个用户提及特定体验的最高次数	该子类别编码参考点数量
		社交者	探索者	成就者	攻击者		
教育娱乐性 (25)	游戏与动画	5	2	4	2	5	13
	在线视频与音频	5	1	5	1	5	12
跨界设计 (23)	纪念品	8	5	0	1	8	14
	在线购物	2	0	0	7	7	9

（1）教育娱乐性

由故宫博物院开发的"新文创"的目标是具有教育性，能使人们提升智力知识。根据内容划分，这个类别包括两个子类别，即"游戏与动画"和"在线视频与音频"。在故宫博物院开发的游戏和动画方面，四位用户普遍认为它们益智且有趣。具体而言，成就者认为尽管玩游戏存在一些操作上的困难，但在智力发展方面有一些好处（图4.11）。正如成就者所言：

游戏相当丰富，内容非常有教育意义（涵盖了许多历史主题）。——成就者（摘自体验卡片记录文本）

图4.11　故宫游戏

此外，攻击者认为故宫博物院在中国文化的开发方面做得非常出色，例如他玩的《九九消寒图》是一个关于中国诗歌的数独游戏。他还指出故宫博物院开发的游戏与紫禁城的建筑和展品密切相关。最后，攻击者总结道，所有游戏的核心玩法与紫禁城文化非常相关。

在游戏益智方面，探索者觉得故宫博物院的游戏具有足够的符号意义和知识量。他在采访中举了以下例子：

比如说《明帝王图》游戏里将故宫里住过的大明皇帝按照年代先后进行排序（图4.12）；还有就是《太和殿的脊兽》，是一个将脊兽进行排列的游戏。——探索者（摘自情境访谈转录文本）

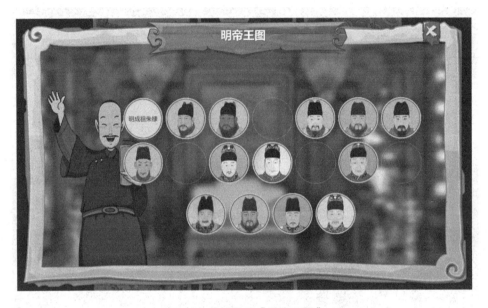

图4.12　故宫游戏《明帝王图》

以上反映了故宫博物院通过游戏的教育性和娱乐性设计，重申了新文创是指以知识产权（IP）建设为核心的艺术生产方法。当被问及哪些游戏或哪类游戏更吸引他时，探索者回答道：

一个是《宫门关》，另外一个是《曲水流觞》。《宫门关》结合了古代星象学来答题。当时玩的时候我就在想，哪怕就是答错了，至少公布答案时也会给出讲解或正确答案，通过游戏获取一些自己之前不知道的知识。再就是《曲水流觞》，这是一个类似于九宫格的拼图游戏，点击或拖动图片移动位置就可以把整幅图拼起来。看这

个游戏背景是根据河流的形状来做的，感觉也比较有意思。——探索者（摘自情境访谈转录文本）

这进一步说明游戏的教育性和娱乐性设计有助于玩家增加知识并为他们带来积极的体验。在故宫博物院开发的动画方面，社交者表现出特别有兴趣：

我觉得点开游戏主页后，刚开始的动画视频做得挺好玩的，故事情节上可以让观众逐集观看（兴奋的表情）。——社交者（摘自情境访谈转录文本）

通过与社交者的进一步访谈，研究者了解到，动画视频设计可能利用了当今青少年热衷于观看视频和玩游戏的心理。对于这位受访的社交者来说，她对于通过故宫博物院官方网站观看动画和玩游戏很感兴趣。通过观察她的手机屏幕，研究者还发现，每当她完成了分配给她的任务时，她总是会再次返回到动画视频页面继续欣赏，进一步证明了她对动画的热情。

除了为用户提供游戏和动画外，故宫博物院还提供基于馆藏的丰富视频和音频资源"试听馆"。对于故宫博物院提供的在线视频和音频，用户认为它们颇具知识性。社交者指出：

我还是想看这个故宫文物医院的视频，因为讲得挺好的，他们在修复的时候还可以发现以前没有发现的历史。我刚才看了一会，就感觉："哇！又学到了好多东西，又发现了不少新事物。"（激动）——社交者（摘自情境访谈转录文本）

"试听馆"是对实地参观的一种补充。在视频和音频资源"试听馆"中，所有四位用户都提到了他们的积极体验。除了丰富的视频和音频外，值得注意的是，由于维修和其他原因，他们可以通过这种方式看到当前不对观众开放的区域。正如成就者和社交者所指出的：

当我们去故宫博物院的时候，我们没能看到它（养心殿）。在"试听馆"里，有一个关于故宫的维修维护团队正在维修养心殿的视频，感觉挺好的。我也知道为什么养心殿没有开放了。——成就者（摘自情境访谈转录文本）

视听馆有一些视频，然后我就点开了一个名为《故宫新事》的视频，在讲养心殿的维修。这次去故宫现场时，也正好赶上养心殿在维修。在现场我们也不知道里面发生了什么，看了这个视频之后就了解了。这让我感觉到："哇，中国的修复团队好强大啊！"（激动）——社交者（摘自情境访谈转录文本）

以上内容表明，故宫博物院通过新文创的形式，尤其是采用游戏、动画和在线视频与音频等方式，成功地融合了教育性和娱乐性。这不仅使用户在参与游戏和动画的过程中获得了知识，而且为他们提供了积极的体验。通过"试听馆"提供的视频和音频资源，用户还能够了解到一些平时不对公众开放的区域和博物馆内部的修复工作。这一切体现了新文创的设计核心，即以知识产权（IP）建设为核心，通过文化创意的方式丰富用户的参观体验。

（2）跨界设计

跨界设计是指融合两个或更多领域的设计，形成一种看似"非专业"的全新品牌印象。它代表了超越固有领域设计的新生活方式和体验。近年来，跨界进入互联网时代的范围更加明显和广泛（张旭亚，2017）。对于故宫博物院而言，跨界设计是通过新的文化创意产品来"唤醒"古老的文物。对于跨界设计，通过三角数据的相互验证，可以得知受访用户在所有方面都有更好的体验，无论是产品设计还是销售平台的选择。

在这一部分中，用户首先指出文创产品种类繁多、设计优雅，尤其是化妆品设计。不仅女性用户，男性也有积极的体验。在与探索者的访谈中，他表示故宫博物院文创很有广度，有许多款式和类型供选择。他还提到商品既大气又精致。在研究者对探索者的跟踪观察中，发现当他走到化妆品区域时，他会不由自主地拍照。在文创产品商店，研究者还听到攻击者说道："如果我有女朋友，我会买一支。"对于女孩们来说，她们对化妆品特别感兴趣。以社交者的活动为例，以下是一些现场记录摘录：

> 她看到了口红，惊讶地喊道："哇，口红！"……她兴奋地说："这里还有腮红，看起来不错！这里还有一支漂亮的口红！为什么女孩子们都喜欢看这些东西呢？"——社交者（摘自观察视频转录文本）

上述情况表明，她无法抑制购买欲望。她还浏览了一些产品，并表示它们很可爱。然而，在采访中，她主要强调了口红的吸引力：

> 在文创产品商店里，我看到了一些产品，比如口红（笑），这对女生更有吸引力……它的口红包装采用了一种复古风格，很惊艳。——社交者（摘自情境访谈转录文本）

实际上，从用户的行为和回答中，研究者可以看出，故宫博物院中化妆品的出现对她们来说是令人惊讶的，因为这两个领域似乎没有太大关联。然而，这些看似"不太合适"的个性化文创产品的出现让他们着迷。

除此之外，用户认为体验较佳的另一方面是在线购物。从公众的角度来看，很难想象拥有深厚文化底蕴的故宫博物院能够与在线商店产生关联。这无疑是一种跨界设计，只有这种改变才能满足年轻人的消费习惯。在访谈中，用户的主要关注点是文化创意产品的丰富性，以及购物平台的广泛覆盖，后者更受关注。攻击者认为故宫博物院的在线商店是一个具有良好体验的方面。在连续被问了几次"为什么"之后，他回答说：

我觉得比较好的就是故宫的网上商店，因为它们网上卖纪念品的店铺覆盖面是比较广的，比如有天猫店、淘宝店，而且还有微信的微店。覆盖面很广，很大程度上方便了具有不同购物习惯的人。——攻击者（摘自情境访谈转录文本）

同样，当在访谈中被问及良好体验时，社交者表达了类似的感受：

体验不错的是文创产品的种类比较多，可选择的店铺也比较全（天猫、淘宝等），无论在哪个网都可以购买（图4.13）。——社交者（摘自情境访谈转录文本）

图4.13　故宫口红（故宫文化创意馆线上产品）

当被问及在线购物时，几位用户表现得非常兴奋，这进一步证实了他们的回答是发自内心的，也显示了博物馆的在线商店符合他们的心理预期。研究者还发现了一个细节，即在跟踪攻击者时，注意到他自言自语地说"在线评价都是好评"等。因此，网络用户评价也是设计师应该关注的方面。

4.3.2.2　主题："参与感"

本节主要阐述了用户在参与感方面的正面体验。在当前博物馆语境下，参与感主要指使用故宫博物院提供的服务时产生的融入感。通过数据分析，确定了"参与感"主题下的三类正面体验，分别是"详细模拟与风格匹配""沉浸感"和"参与感"。表4.5呈现了这三个类别并对其进行细讨讨论。

表4.5　"参与感"主题下的类别、子类别及特定体验提及次数

类别(编码参考点总数量)	子类别	每个用户提及特定体验的次数				单个用户提及特定体验的最高次数	该子类别编码参考点数量
		社交者	探索者	成就者	攻击者		
详细模拟与风格匹配(22)	导览地图、全景视图等	5	0	3	14	14	22
沉浸感 (4)	虚拟现实	2	1	1	0	2	4
参与感 (2)	角色扮演	2	0	0	0	2	2

（1）详细模拟与风格匹配

在"详细模拟与风格匹配"这一类别中，用户主要指出了故宫博物院官方网站提供的导览地图、全景故宫、交通路线、虚拟现实（VR）等方面的积极体验。

在网站设计方面，实体博物馆的各个元素被还原得淋漓尽致，研究者将这种还原称为"详细模拟"。举例而言，地图上标注的服务项目非常全面，提供了清晰而具体的导览路线。用户们纷纷表示，与他们过去参观的其他博物馆相比，这种程度的详细设计实属罕见，而故宫博物院能够达到这一水平，让他们感到非常惊讶。这种精心还原的设计为游客提供了全面而深入的导览体验，使其在参观过程中能够更加轻松、方便地探索博物馆的各个角落。例如，当谈到全景故宫时，受访者指出：

全景图的话也是实地取材来拍的，而且放大之后还是能够看到很多细节，这是让我很惊讶的（图4.14）。——攻击者（摘自情境访谈转录文本）

图4.14　全景故宫

　　"详细模拟"的设计旨在使游客在参观过程中能够迅速而准确地定位关键区域，从而为游客提供极大的方便。这种细致入微的模拟不仅令游客能够轻松找到他们感兴趣的展区，还在很大程度上节省了他们的时间和精力。详细标注的服务项目，例如各类设施、导览路线的明确展示，使游客能够事先了解博物馆内的布局，从而更有针对性地规划他们的游览路线。相较于其他博物馆普遍简略的设计，故宫博物院的"详细模拟"突显了其对游客体验的关注和用心。这种关注度和用心，进一步为游客提供了愉悦而便利的参观体验，使得他们更加愿意深入探索博物馆的丰富内涵。对于这一点，社交者提到：

　　例如故宫里面都有什么，里面有什么宫，或者是餐饮、商店、厕所等，它有明确地给你标出来，这个到里面的话会比较好找（图 4.15）。——社交者（摘自情境访谈转录文本）

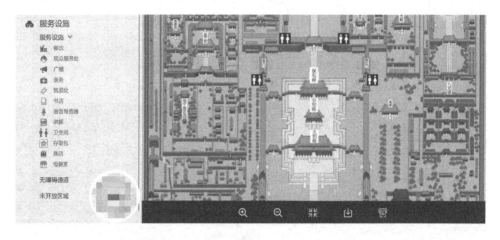

图4.15　故宫导览地图：卫生间分布（局部）

　　在谈到故宫博物院重新绘制的导览地图时，受访者指出故宫博物院的导览地图颇具有中国风：

　　整体总览地图并不是以实拍的形式来做的，而是一个以中国风的二次创作的方式来做的，美术风格我挺喜欢的。——攻击者（摘自情境访谈转录文本）

　　受访者所说的是与整个官方网站和故宫博物院实体风格完美匹配的导览地图。在这一层面提到的"风格匹配"是在讨论故宫博物院线上、线下心理一致性的问题。而在前面提到的"详细模拟"中，这种风格匹配体现了对用户更高层次审美需求的关注。

（2）沉浸感

　　该类别下的部分体验内容与前一类别"详细模拟与风格匹配"紧密相关。如"详细模拟与风格匹配"类别的分析得出，无论是重现在线资源的细节，还是线上、线下的风格匹配，都有助于在满足用户基本功能需求的同时最大程度地提升用户的沉浸感。沉浸感体验可被描述为当人们专注于当前情境时所感受到的愉悦和满足感。

　　有三名用户认为官方网站提供的 VR 虚拟游览更具沉浸感（图 4.16～图 4.18），成就者和社交者甚至使用了"震惊"等词汇来描述他们的体验。尽管社交者在体验 VR 游览时遇到了一些困难，比如不能自由浏览和观察周围环境，但她仍然坚定地表示自己对此感到非常惊喜。通过对社交者的深入访谈，可以说明 VR 技术使那些不便亲临博物馆的人能够体验到身临其境的感觉，从而间接扩大了博物馆用户群体。当被问及参观前的服务体验中哪些设计令人兴奋时，社交者毫不犹豫地指出：

就是 VR 吧（笑），让你有一种就算你不在故宫里，但是仍让你感到身临其境的那种感觉，挺真实的。——社交者（摘自情境访谈转录文本）

图4.16　VR故宫：养心殿正殿

图4.17　VR故宫：灵沼轩

你好，欢迎加入故宫古建保护团队。今天让我带你了解一下乾隆皇帝为自己退位后准备的颐养天年之所——倦勤斋。

图4.18　VR故宫：倦勤斋

巧合的是，成就者也使用了相同的词汇"震惊"。正如成就者在她的回答中所阐述的：

其实令我比较兴奋的还是那个VR，虚拟的那个。我进去之后还是挺震撼的（哈哈），感觉有身临其境的感觉。其他的就还好，就只有这一个（印象比较深刻）。——成就者（摘自情境访谈转录文本）

每名用户积极体验的痒点是不同的。在当前语境下，"痒点"指的是引发兴奋或激发兴趣的关键点或亮点。这是一种吸引人的因素，能够激发个体的好奇心或欲望，使其产生积极的反应。以探索者为例，他更注重细节和深度。当被问及在前往故宫博物院之前的虚拟游览体验中，什么样的设计能引起他的兴趣并让他感到兴奋时，他回答道：

就是它的VR设计部分，它含有一些物品建模放大的图片。就是挑出了一些具有代表性的小物件并重新建模，重新放大，让我们通过VR这个平台来观看。——探索者（摘自情境访谈转录文本）

故宫博物院整合自2000年以来积累的文化遗产优质数据资源，以三维数据可视化为主要技术手段，致力于高度真实再现紫禁城的金碧辉煌，以VR观赏的形式深入解析其中的建筑与藏品。通过这一全新视角，旨在为公众提供独特的方式，鉴赏故宫文化遗产之美。

在这一部分中，用户的痒点主要集中在对沉浸感的追求。在线上博物馆设计尤其是 VR 观赏中，沉浸感的追求是至关重要的，因为它可以深刻影响用户的体验和参与度。沉浸感使用户感到仿佛置身于一个真实而引人入胜的环境中，从而增强其参与感和兴趣。

（3）参与感

博物馆作为媒介，不仅能向观众传递科学知识，还能让观众沉浸于博物馆的互动体验中。在这一过程中，服务常常充当博物馆与公众之间的桥梁。

谈及参与感，在影子计划中，研究者通过追踪社交者的行为发现，她参观了一个允许游客穿古代宫廷服装拍照的场所，她不由得停下来观看、拍照，并自语说："挺不错的。"在接受情境访谈时，社交者以角色扮演为例，解释了在故宫博物院观看穿古代宫廷服装拍照的感受。她提到，看到游客穿着古代皇太后的服装，或者穿着小皇帝和小公主的服装拍照让她感到兴奋。从她的肢体语言和措辞中可以看出，"试穿"体验是一种出色的互动形式，观众必然能够深刻体验到参与的喜悦。

4.3.3 用户画像参观博物馆的动机

该研究主要强调个体的独特动机，而非所谓的大众。当然，在探索用户动机的同时，用户画像也给出了一些提升博物馆服务体验的建议。在之前的第 3 章中，研究者将每个用户的动机分为外在动机和内在动机，接下来的解释工作将从内在和外在动机两方面展开。

4.3.3.1 外在动机

正如第 2 章文献综述部分所解释的那样，奖励是一种重要的外部动机。直观地说，在外在动机的激励下，执行特定任务是为了实现一个独立的结果，而该过程中参与者主要关注奖惩。从第 3 章中的数据分析结果可以看出，四名用户画像在参观过程中都表达了对奖励的期望。然而，当前博物馆似乎与奖励无关。

探索者在访谈中提到，希望博物馆提供幸运抽奖，获胜者将会得到奖励。这一回答体现了参观博物馆的外部动机，即奖励。具体来说，探索者指出在参观过程中，考虑到观众的实际需求，博物馆可以考虑以抽奖形式赠送观众一些小礼物。对于"实际需求"，他举了一个例子，也是基于他自身的亲身体会。探索者提到，遇到雨天，如果很多人使用伞会严重影响其他游客的视线，进而造成较差的参观体验。针对这一议题，所有受访用户都认为博物馆应该向观众提供一次性雨衣，毕竟，北方下雨的日子并不多。在谈到用游戏设计来应对该议题时，他解释说，在博物馆网站官方购票后，游客可以参与幸运抽奖或玩一些游戏，以获取一些游览礼包，如纸质导览地图、优惠券，以及雨天需要的雨衣。

社交者还强调了博物馆向观众分发必要用品的必要性。在参观博物馆期间，社交者认为故宫作为我国规模最大的博物馆，应该有更多的服务人员和志愿者来引导观众。然而在博物馆现场，她发现工作人员特别少。由于难以找到工作人员进行游览咨询，因此她建议故宫应该向观众提供一张详细的地图，这是一般参观博物馆时的必要用品。

从某种角度看，上述建议可能并不能称得上是用户对奖励的纯粹追求，而只是为了解决实际困难。然而，通过深入访谈，研究者了解到社交者认为她在购票和文创产品等方面花费很多，不希望在离开故宫时空手而回。在进一步对其进行访谈后，她提出了故宫应该免费分发一些小型纪念品的主张。

至于奖励方面，攻击者则提出了独特的见解。他提到了购买三张门票的顾客可换取一张免费门票的想法。这种门票积累的概念就是我们熟悉的买三送一，正如攻击者所言：

如果是我给建议的话，我可能就会觉得应该多设计一个类似于积分模块的东西。你只要每次去故宫，都留着你的门票，比如，我们去了三次故宫，有了三张门票，就可以用那三张门票再兑换一张免费门票。这样的话，我觉得可能会让我去故宫的次数变得更多一些。——攻击者（摘自情境访谈转录文本）

因此，从上文可以看出，攻击者认为采用"购三送一"的方案会增加他参观故宫博物院的次数。毕竟，如果每次都需要购票，他可能不会有足够的动机花很多时间去参观。但如果有这样的折扣优惠，也许会激发他多次前往的兴趣。毋庸置疑，奖励作为一种重要的外部动机，可以显著影响个体行为。在上述例子中，攻击者提出的"购三送一"方案展示了奖励如何激发人们更频繁地参与某活动，表明奖励机制在塑造行为和提高参与度方面的有效性。这种外部激励不仅可以促使人们积极参与，还可能增加他们的满足感和愿意投入的程度。

成就者在追求外部奖励方面的动机表现得更为强烈。她不仅建议故宫应该免费分发一些迷你纪念品，还提议通过与博物馆互动获得的金币来兑换门票，这与攻击者提出的想法相似。成就者表示，通过金币兑换券的方式相当于一种游戏机制。举例来说，她提到定期阅读博物馆的出版物或持续关注特定网页，用户将获得金币，或者通过线上、线下游戏积累的积分和等级来获取门票折扣、纪念品等奖励。通过这种形式，当用户获得一定数量的金币时，他们可以直接将其兑换为门票或门票折扣。此外，令研究者惊讶的是，成就者还提出了一种多人参与的概念：

> 可以邀请自己的伙伴们一起去玩那个游戏，合作完成一个游戏。比如说我们要一起购票，我们可以在购票的环节上，几个人合伙完成一个任务。相当于是我们熟悉的团票，可以获得优惠。比如"吃鸡"游戏，它就是要四个人互相帮助、互相救援，然后才可能赢得最后的胜利。所以我想，购票游戏可以设计成几个人合作的类型。——成就者（摘自情境访谈转录文本）

成就者还提出了伴随奖励的角色扮演活动开展建议，例如与角色扮演者一起合影或参与游戏（带有奖励）。关于这个议题，她指出：

> 观众可以跟他（她）们一起合影啊，或者可以跟他（她）们玩游戏、互动啊，然后赢取奖励。每个宫殿的挑战是不一样的，获取的奖励也是不一样的，那可能就会吸引我每个地方都去试（游览）一遍。——成就者（摘自情境访谈转录文本）

从上述四名用户画像对奖励的渴望细节来看，他们主要希望获得的是物质回报。根据先前的文献综述部分可知，从排序来看，物质是最不具重要的奖励，它位于 Zichermann 与 Cunningham（2011）的 SAPS 奖励系统金字塔的底部。当玩家获得物质奖励后，他们的动机往往会减弱，因为像现金、实物这样的有形奖励会导致被奖励者将焦点放在眼前的事物上，而不是长远目标，这容易对内在动机产生明显的负面影响。因此，以物质形式呈现的奖励是最不具有黏性且最昂贵的奖励。

4.3.3.2　不同用户画像的内在动机及建议

不同于外在动机对奖励的关注，内在动机因个体而异，即每个人的内在动机各不相同（Post, 2017; Kumar et al., 2013）。我们鼓励基于内在动机开展工作，正如 Deci 与 Ryan（2012）所提出的："如果有人在没有奖励的情况下自愿参与某项活动，并发现这个过程非常有趣、愉快，那么这个人的行为就是基于内在动机的。"接下来将基于不同的用户画像来分析他们各自的内在动机。通过对用户的深入分析，发现这四类用户主导的内在动机存在差异，然而在许多情况下，它们仍然共享某些内在动机。

（1）探索者用户画像的内在动机

本节主要解释了探索者的内在动机"自主性"在故宫博物院的实体和虚拟参观中的体现。具体来说，自主性指的是个体能够根据自身的真正意愿，参与探索和发现个人价值的活动，或者说个体体验到依据自己的意志和选择从事活动的心理自由感。在本研究的语境下，通过对数据的分析，研究者为这一部分确定了一个具体的主题：自由地探索和理解知识。具体而言，该主题从以下几个维度进行了讨论：发现未知、以好奇之心探索内部细节、开启未知领域以获取知识，以及自由探索和理解（表4.6）。

表4.6　探索者用户画像参观博物馆的内在动机

用户画像：探索者	
动机维度	内在动机概要
发现未知	自主性需求——自由地探索和理解知识
以好奇之心探索内部细节	
开启未知领域以获取知识	
自由探索和理解	

关于"发现未知"这个动机维度，探索者提出了一个类似游戏的想法，即设计一条探索和发现隐秘事物的参观路线。在谈到游戏设计技巧时，探索者建议设计师可以借鉴游戏中寻找宝藏或探索地图的机制，以丰富博物馆的体验。他进一步解释说，在游戏中的地图设计中，建议只呈现箭头，而没有文本提示。换句话说，箭头引导游客前往的地方是未知的，人们会被这个未知之域吸引，然后选择探索一条未探明的道路。总之，故宫博物院的实际参观路线可以借鉴游戏设计机制，游客可选择路线但不知道沿途将出现或发生什么，这是一种探索性体验。

接下来是"以好奇之心探索内部细节"的动机维度，这一部分解释了探索者在参观博物馆时的发现和探索动机，如在参观博物馆的过程中，发现建筑及藏品背后的故事，探索展品细节。展开来说，在服务旅行和影子计划过程中，研究者发现他总是怀着好奇心发现背后的故事，并用探索的眼光看待细节。进入故宫后，他并没有过多关注脚下的路，而是四处张望。通过对他的跟踪，研究者发现他在经过小桥和台阶时，多次好奇地触摸栏杆，低头观察石柱和石狮，并好奇地为这一切拍照。通过现场参观视频分析，研究者还发现他绕到故宫的某个偏殿门口，透过门缝看院子里面（图4.19），失望地说："这扇门完全被封住了。"所有这些观察证据都说明了探索者在参观博物馆的过程中保持一种发现未知和探索细节的动机。

图4.19 探索者透过门缝看内部细节

　　研究者还对探索者进行了访谈，以此作为三重证据。当被问及如何让像他这样的探索型玩家对故宫博物院产生兴趣并持续关注时，他回答说是故宫博物院背后的故事。正如探索者所指出的：

　　如果按照游戏（游戏机制）的想法来说的话，那些柜子应该是可以打开的。但事实上柜子是打不开的，这就让人觉得这是很表面化的一种东西（图4.20），会让人想象柜子里面有什么东西，越看越想去打开它（焦急的表情）。——探索者（摘自情境访谈转录文本）

　　针对上述回答，他表示在线上可以找到的东西很有限。在更深入的访谈中，研究者发现探索者希望有导游来解说展品背后的故事或提供其他形式的详细说明。

　　当谈到"开启未知领域以获取知识"时，探索者提到他希望故宫博物院能修复并开放更多的偏殿，以便让像他一样的参观者有更多的探索地点可选择。这意味着开放更多的参观区域是为了满足他对学习和探索的渴望。

　　探索者还喜欢"自由探索和理解"。也就是说，他的探索是不受干扰的。例如，研究者观察到他更喜欢走小路而不是常规参观路线。在访谈中，探索者还强调他更喜欢自己寻找和观察，而不是依赖导游，因为那总是让他感到被干扰。这与前述"希望有导游来解说展品背后的故事"的说法并不矛盾，因为他期待探索和理解展品，只是不想被打扰，求助导游解说也是为了获取新知识。

图4.20　线上游览的探索者试图打开保和殿左侧的柜子

通过对上述数据的分析和解释可知，探索性和发现性是探索者的主要特征，探索者在参观博物馆时的内在动机主要体现为对自主性的需求，即追求自由地探索和理解知识。通过借鉴游戏设计的机制，设计师可以更好地满足探索者的好奇心，创造出更具探索性和引人入胜的博物馆参观体验。

（2）社交者用户画像的内在动机

社交者的内在动机可以概括为两个主题，即"归属性"和"自主性"。在本节中，首先解释了社交者的内在动机"归属性"在线上、线下参观故宫博物院过程中的体现。通过对数据进行语境分析，研究者为这一部分确定了一个具体的主题：与他人相遇并互动，强调情感联结。对于"归属性"动机，细分为以下维度并逐个进行讨论：协作与互动、与他人建立联结、角色扮演，以及探索细节（表4.7）。对于当前社交者用户画像而言，已经在探索者用户画像部分讨论了另一个主题，即自主性需求——自由地发现和理解知识。

表4.7　社交者用户画像参观博物馆的内在动机

用户画像：社交者	
动机维度	内在动机概要
协作与互动	归属性需求——与他人相遇并互动，强调情感联结
与他人建立联结	
角色扮演	
探索细节	
探求知识	自主性需求——自由地发现和理解知识

● 归属性

归属是指与他人建立联系。在"协作与互动"这一动机维度中，社交者首先建议故宫博物院应该收集用户的反馈，以促进与观众的协作。她提出故宫博物院可以向观众分发一些问卷，或者开发小程序来收集反馈，以便用户持续了解博物馆开发的一些新体验项目。以博物馆新项目为话题，她将与周围的朋友交流，如果朋友感兴趣，她就会去参观博物馆。在游戏和视频方面，社交者建议在游戏和视频中添加对话和选项。这样，用户可以在弹出的对话框中选择一个选项，系统将根据用户的不同选项产生不同的结果。不难看出，用户的选择作为一种互动增强了在线内容的可扩展性。

社交者还渴望与他人建立联结，并强调在与他人的互动中进行分享的重要性。在访谈中，她提到如果在参观的过程中能收获一些纪念品，就可以与他人分享。她进一步解释说，故宫博物院可以分发一些价廉物美的迷你纪念品，使游客能带回去与朋友分享，假如朋友喜欢并想得到，他们可能也会去故宫博物院参观。接下来，社交者表示学习也是与他人取得联结的过程。具体来说，从博物馆发现新事物有助于与他人分享。此外，通过观察发现，社交者更倾向于选择具有与他人互动功能的应用程序进行体验。她表示，这类应用程序类似于游戏中的模拟养成机制，有助于玩家之间的联结。

研究者还发现社交者热衷于角色扮演。在进一步的深度访谈中，她提到她对角色扮演很感兴趣，因此她喜欢故宫博物院提供的"试穿古装"体验项目。这也在一定程度上反映了前面所述的社交者对互动和参与性体验的偏好，因为角色扮演以及试穿古装等活动提供了一种与文化和历史互动的方式。社交者倾向于通过参与性的体验来丰富自己的文化感知，并与他人分享这些经历。

与探索者类似，从社交者身上也可以发现对细节探索的动机。在访谈中，社交者指出需要更多的讲解员来帮助他们了解文物，需要更多的服务人员为游客提供便利。尽管上述建议涉及人手不足的问题，但其中体现的内在动机是对发现博物馆背后故事和探索细节的渴望。

● 自主性

在"自主性"方面，正如在探索者部分所描述的那样，社交者在参观过程中主要表现出了自由发现和理解知识的动机。具体到当前研究，社交者的内在需求是寻求知识。例如，在体验卡片上，她记录下"在回答在线问题后，系统没有给出正确答案和解释"这一痛点。在采访中，她还提到她更热衷于观看博物馆的文物解说视频，因为她通过这些精彩的视频能了解以前自己未知的历史。在这个过程中，她进一步表示自己学到了很多东西，了解了很多新的展品。

（3）攻击者用户画像的内在动机

这一部分主要解释了攻击者用户画像的内在动机"胜任性（或者说掌控性）"在线上、线下参观故宫博物院时的体现。具体来说，胜任性是指个体体验到对自己所处环境的掌控和能力发展的感觉。在本研究的博物馆语境中，通过对数据的分析，研究者为这一动机确定了一个详细的主题：向他人发起挑战并进行竞争，强调个体能力。展开来说，该主题讨论了以下动机维度：首先是冒险，独辟蹊径；其次是控制的感觉（表4.8）。

表 4.8　攻击者用户画像参观博物馆的内在动机

用户画像：攻击者	
动机维度	内在动机概要
冒险，独辟蹊径	胜任（掌控）性需求——向他人发起挑战并进行竞争，强调个体能力
控制的感觉	

关于"冒险，独辟蹊径"这一动机，攻击者倾向于参与那些他人尚未体验过的个性化游戏，并期望博物馆能在故宫游戏中为此需求创造一些独特的游戏体验。在选择游戏时，他特别强调了游戏的不可替代性和独特性。尽管其他人可能因为个性化的游戏名而心生怯意，但攻击者则习惯于积极迎接游戏的挑战。此外，在参观博物馆的过程中，攻击者更喜欢观赏那些少数人才关注的展品。例如，他喜欢在故宫博物院中探寻不熟悉但弥足珍贵的藏品，这一动机与探索者有相似之处。类似地，他建议观众选择较为"冷门"的参观路线，以了解过去皇室的生活。因此他提议在故宫现场提供多样化的导览路径。这种不随大流的态度使得他喜欢接受挑战。在访谈中，攻击者表示希望自己在排名中居于前列，不愿意沦为群体中的平均水平。这一动机又与成就者用户画像的动机一致。提到攻击者的胜任性动机，他明确指出：

比如说我准备要去跟游戏里的一个玩家进行单挑，我就会先看一下我能不能打得过这个人，才会决定去不去跟他挑战。——攻击者（摘自情境访谈转录文本）

上述论述阐明了攻击者的个性特征和对挑战的追求。在游戏时，攻击者必须做好全面的准备以掌控整个过程，而这一态度同样适用于参观故宫博物院。攻击者期望在实际参观前获取有关博物院的大量信息，以使其更感兴趣并充分准备好全程掌控整个参观过程。

（4）成就者用户画像的内在动机

成就者用户画像的动机总结为两个主题，即"胜任性"和"归属性"。下文将逐一阐释这两个主题（表4.9）。

表4.9　成就者用户画像参观博物馆的内在动机

用户画像：成就者	
动机维度	内在动机概要
竞争性积累	胜任（掌控）性需求——向他人发起挑战并进行竞争，强调个体能力
与他人建立联结	归属性需求——与他人相遇并互动，强调情感联结

● 胜任性

本节解释了"胜任性"这一主题。从上文对攻击者用户画像的动机探讨中得知，胜任性指的是个体在自己所处的环境中感受到对情境的掌控和个人能力发展的感觉，在某种意义上可以说是一种成就感。

成就者用户画像的成就感主要体现在竞争性的积累上，即通过积分和升级而变得强大。对于这个问题，成就者首先提出当前博物院开发的游戏看起来非常系统化，或者说非常结构化，而且只是单回合设定。她建议游戏必须有更多回合的设计，然后玩家可以累积一定的成就，如积分或金币。她还无意中提到，玩家通过积分或金币的累积，可以为他们想要帮助的角色提供救援。通过进一步的访谈，研究者发现，收集物品和取得成就让她感到自豪，这是博物馆游戏中最吸引她的地方。例如，在讨论故宫博物院开发的《皇帝的一天》应用程序时，成就者提到（图4.21）：

图4.21　故宫APP《皇帝的一天》

这是一款让你了解皇帝衣食住行、工作娱乐的游戏。但是最吸引我的还是它可以收集很多的文物和霸气的成就。就是在这款游戏当中收集的越多，那你肯定就是那个厉害的人嘛，这比较吸引我。——成就者（摘自情境访谈转录文本）

不难看出，成就者用户画像的成就感主要体现在竞争性的积累方面，通过在游戏中不断获得积分和升级，她感受到了巨大的成就满足。在访谈中，当问及对于刚才体验过的这些环节，觉得哪些是特别想改变的，成就者提到：

就是购票方面，比如说我在购票的时候可以有一个小游戏，但要简单一点。点进去之后，你可以玩三局（举例），就可以积分。最终，根据你累积的积分来决定你购票时的优惠幅度，积分越多你的票价优惠幅度可能就越大。——成就者（摘自情境访谈转录文本）

● 归属性

关于"归属性"动机维度的讨论已在社交者部分提到。在调查分析中，发现这一动机也存在于成就者身上。具体而言，成就者期望与他人建立联系。由于故宫博物院采用了在线售票，成就者认为观众应该被允许将电子票券兑换成漂亮的纸质门票。这样做的原因是当今年轻人喜欢使用社交平台分享他们的照片，不仅是为了与朋友保持联系，从故宫博物院自身角度看，分享门票及其他照片等行为还可以作为宣传手段，向公众推介博物院及其馆藏文化（图4.22）。

图4.22　微信朋友圈分享的故宫文创照片

总之，从以上分析中可以看出，成就者用户画像主要通过游戏中的积分和升级感受到强烈的成就感。她对博物馆游戏提出了多回合设计的建议，以增加玩家的累积体验。在她看来，通过这种积累，玩家还能够体验帮助他人的成就感。不仅如此，成就者还希望与他人建立联系，特别强调了对在线售票方面的建议。她认为允许观众将电子票券兑换成纸质门票可以满足年轻人分享照片的社交需求。因此成就者的动机既体现在竞争性的游戏积累中，也表现为在社交方面寻求联结与互动。

4.4　博物馆服务体验调查指南

下面的研究指南是在对整个研究的方法、流程及成果进行综合的基础上提出的。针对本书第1章中最后一个目标及其相关的研究问题，我们为博物馆管理人员提出了六条博物馆服务体验调查的指导原则（图4.23）。通过该指南，我们期望能够为博物馆管理员和博物馆用户体验研究人员提供启示，以促使在同类博物馆服务体验研究方面采取更积极的措施，特别是基于游戏化理念来满足年轻游客的内在动机。

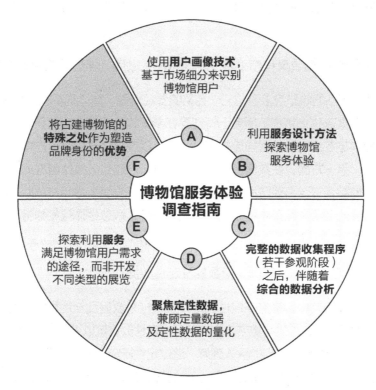

图4.23　博物馆服务体验调查指南

（1）使用用户画像技术，基于市场细分来识别博物馆用户

提升博物馆体验的关键在于理解不同访客群体的动机或个性，而非所谓的大众。基于对本研究中访客动机的理解，用户画像技术有助于对博物馆服务体验调查中的观众进行市场细分。需要指出的是，相对于外在动机而言，独特的内在动机是人们以不同方式参与博物馆活动的关键动机，也是进入博物馆的真正动机。因此，用户画像的识别应该基于长期的内在动机而不是短期的外在动机，应该鼓励用户表达自己的直觉感受，这有助于根据持有不同动机的用户对博物馆服务的不同想法来个性化设计博物馆服务。

（2）利用服务设计方法探索博物馆服务体验

鉴于用户体验和服务设计从根本上都以用户为中心，因此服务设计方法可作为探索博物馆服务体验的手段。服务设计源自营销和运营领域，它极大地关注设计过程各个阶段中个人在特定语境下的体验。为了获得可靠的研究数据，可以运用不同的服务设计技术和工具进行原始数据采集。此外，服务设计采取系统化的方法，覆盖多个接触点。调整过的选择关键接触点的方法更适用于研究者或受试用户时间有限的情况。

（3）完整的数据收集程序（若干参观阶段）之后，伴随着综合的数据分析

一方面，数据的收集应该跨越三个完整的参观阶段，即"参观前""参观中"和"参观后"，并覆盖线上和线下服务。特别是在参与式设计概念的指导下，研究者生成的数据和参与者生成的数据均应被充分收集，以建立对博物馆用户体验的全面而深入的理解。另一方面，在数据分析过程中，可以通过对人类体验维度的数据进行编码，自然地综合三个参观阶段的数据，从而有助于全面考虑用户体验。在数据分析阶段，建议使用研究结果中提出的"功能性体验、情感性体验和独特性体验"三层次模型对数据进行编码，而该模型中的每个级别都可以成为编码的主题或类别。

（4）聚焦定性数据，兼顾定量数据及定性数据的量化

在用户体验研究中，聚焦于定性数据，兼顾定量数据及定性数据的量化，这一指导原则也可描述为在感觉与数字之间的跳跃。定性数据可以提供关于用户背后的动机、态度、情感和偏好等方面的深入理解。通过定性研究，研究者可以探索用户的体验和感受，理解他们的行为背后的原因，而这些信息对于设计更具吸引力和实用性的产品或服务至关重要。因此，在进行博物馆用户体验调研时，定性方法可作为主要方法，以深入了解博物馆用户。然而，数字的作用也不可完全忽视，因为文本、图像编码的频率通常可解释其重要性。如果所有受试用户都提出了同一个问题并且频繁提到了它，那么这说明了该问题的普遍性和重要性。相反，对于积极的体验，如果所有受试用户多次提到同一个主题，那么这些体验应将继续被保持或优化得更好。

因此，对于博物馆体验研究，聚焦于定性数据的同时，也应该考虑数字的作用。然而，研究者需要理解数字背后的原因，有时"高频率等于重要性"的规则应该被打破。当数据被分析时，如果发现某个主题或类别的编码较少也是正常的。这一现象可能的解释是，随着层次结构变得越来越抽象，用户通常会更难关注或表达他们的感受。

（5）探索利用服务满足博物馆用户需求的途径，而非开发不同类型的展览

严格来说，用户画像类别并非代表了不同的人群类型，而是代表了特定用户对服务感兴趣的原因。一方面，尽管某些用户画像可能有相同的动机，但主导动机却不同。因此，在理论上，博物馆工作人员应关注不同类型的博物馆用户的需求，并提供各种展览以帮助他们实现体验目标。另一方面，研究发现，不同类型的用户画像之间的人数比例并不像预期中那样有很大的差距，他们的内在动机既有差异又有共通之处。这些不同的群体应该受到平等对待。因此，该研究建议，并非必须为具有每种动机或多重动机的用户类型开发不同类型的展览，而是应寻找方法来提供满足个体需求的服务。

（6）将古建博物馆的特殊之处作为塑造品牌身份的优势

鉴于历史建筑博物馆的独特性（例如建筑特色、历史和文化等），基于用户画像所提供的独特见解有助于塑造这类博物馆的品牌特征。对于博物馆而言，象征性特征指的是通过识别元素并解释博物馆的个性和精神概念，从而形成有机的结构，这正是独特的品牌体验。只有改善历史建筑博物馆的这些特殊问题，才能真正塑造博物馆的品牌身份。然而，如何充分利用这种独特性，则需要持续收集博物馆用户的发现和想法。

4.5 本章小结

本章根据研究问题的层次呈现了研究结果。为了方便读者理解研究结果，研究者对所有结果进行了解释。在这一过程中，引入三角数据不仅是为了获得有关用户

画像观点、感受、情绪或体验等方面的信息，还可以最大限度地提高研究结果的可靠性。至于研究结果的呈现，本章的结构是按照归纳可用于识别用户画像的模型、解释用户画像的博物馆服务体验（负面和正面体验）、分析不同用户画像的动机以及提出一系列指导原则的顺序组织的。总之，与研究问题相对应的研究结果可以确保本研究提出的问题得到了解答。

本章参考文献

[1] 张旭亚 , 2017. 浅谈当代跨界设计——以草间弥生为例 [J]. 工业设计 (10): 124-125.

[2] FALK J H, DIERKING L D, 2013. Museum Experience Revisited [M]. 2nd ed. Walnut Creek: Left Coast Press.

[3] GARRETT J J, 2011. The Elements of User Experience: User-Centered Design for the Web and Beyond[M]. 2nd ed. Berkeley: New Riders.

[4] KUMAR J M, HERGER M, 2013. Gamification at Work: Designing Engaging Business Software [M]. United States: The Interaction Design Foundation.

[5] DECI E L, RYAN R M, 2012. Handbook of Self-determination Research[M]. 2nd ed. United States: University Rochester Press.

[6] ZICHERMANN G, CUNNINGHAM C, 2011. Gamification by Design: Implementing Game Mechanics in Web and Mobile Apps [M]. Sebastopol: O' Reilly Media.

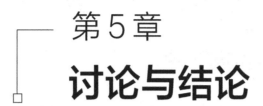

第 5 章

讨论与结论

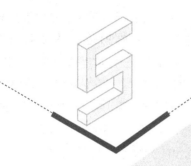

5.1 本章导读

本章简要重申了研究问题，并对研究结果进行了讨论。在逻辑上，本书强调了根据研究问题的层次逐一探索研究结果，并以此回应研究目标以得出结论。这一过程中，研究者尝试按照研究目标的顺序回答研究问题，并基于研究结果提出了新的观点。

5.2 研究结果与讨论

本研究采用了创新的研究方法和工具，调查了中国年轻人体验博物馆服务的情况。鉴于之前对古建博物馆体验的研究较少，本研究选择以北京故宫博物院为案例，开展了服务体验调查。项目中采用服务设计方法，首先详细介绍了选择用户画像的过程和四名用户画像的背景。其后，采用了定性方法和三角数据进行数据采集，例如观察（服务旅行和影子跟踪）、访谈（回顾性访谈）、基于语义差异量表的体验卡片，以及用户画像拍摄的照片。在此之后，在数据分析过程中，针对数据进行编码，对主题、类别、子类别和维度以及四名用户画像的不同动机进行了详细解释。

作为提醒，这里重新强调一下第 1 章中提出的三个研究问题及其子问题。

A. 哪种模型适合用于确定不同类型中国年轻博物馆用户画像以代表不同用户角色？

B. 这些用户画像的博物馆服务体验如何？

（A）对于这些用户画像而言，博物馆服务存在哪些负面体验？

（B）相对应的，这些用户画像在博物馆服务中获得了哪些正面体验？

（C）不同用户画像访问博物馆的动机究竟是什么？

C. 博物馆管理人员可以采用哪些指南，以提升年轻中国访客的用户体验？

5.2.1 研究问题一

第一个研究问题是："哪种模型适合用于确定不同类型中国年轻博物馆用户画像以代表不同用户角色？"本研究不仅使用并解释了 Bartle 分类法的原理，还详细讨论了选取理想用户画像的过程，为博物馆研究人员和从业者开发了一个整体模型，可基于 Bartle 分类法选择代表不同类型博物馆用户的用户画像。具体到基于 Bartle 游戏化概念的用户画像，本项目中一些研究发现与先前的研究结果一致。通过重新梳理以往的文献可知，Bartle（2004）确定了四种类型的玩家，而 Zichermann 与

Cunningham（2011）则按照每种类型玩家的人口分布从高到低进行了排序，从高到低分别是：成就者、社交者、探索者和杀手（本研究中将杀手重新命名为攻击者）。在这项研究中，首先收集了122份调查问卷，经统计后发现各类型用户的人口分布从高到低的情况与先前的研究结果一致（Zichermann et al.，2011）。其次，根据此次博物馆体验调查的统计结果可知，一些受试者同时具有四种类型的个性特征，甚至一些受试者拥有两种或更多相等的主导身份相关特征，这些特征决定了他们具有复合类型的整体偏好。经过比较可知，这些研究发现与先前的文献中得出的结论一致。

然而，在该研究的结果中，各个用户画像类型之间的人口比例更加接近，与先前文献描述的情况不太一致。举例来说，根据 Zichermann 与 Cunningham（2011）的研究，社交者（80%）是所有玩家类型中人数最多的，而攻击者（20%）则是最少的。可以看出，最高和最低之间的差距可达 60%。在本研究中，对 122 份问卷测试的分析结果显示，各种类型用户的百分比之间的差距并不像文献中所述那么显著（表 5.1）。与之前提到的 60% 相比，在这项调查中，最高百分比（37%）和最低百分比（24%）之间仅有 13% 的差距。这一结果难以解释，但可能与本研究中受访人数的总数有关。

表 5.1　不同类型玩家的人口比例

研究类型	社交者	探索者	成就者	杀手（攻击者）
在文献中	80%	50%	40%	20%
在本研究中	37%	33%	28%	24%

本研究不仅确定了基于 Bartle 提出的四种玩家类型模型选择代表博物馆不同类型观众的用户画像，更重要的是在研究结果部分完善了一个更为全面的模型，以说明研究者应如何运用 Bartle 分类法逐步确定用户画像。正如文献综述中所提到的，以往的诸多文献几乎只是简单介绍了该模型，或者引入了基于游戏心理的 Bartle 测试问卷，而缺乏对其设计原理和应用过程的深入阐述（Zichermann et al.，2011；Konert et al.，2013；Nicholson，2015）。相比之下，本研究不仅解释了 Bartle 问卷的原理，还探讨了一个详细的选取理想用户画像的过程，即通过不断缩小人选范围来进行选择。具体来说，该过程包括：分发和收集问卷，根据测试结果将受试者分为四类，并从这四类受访者中选择理想人选。在选择理想对象的过程中，不仅依靠问卷得分等量化数据，还结合了一对一的访谈，使所选择的用户画像更加准确可靠。

5.2.2　研究问题二

第二个研究问题是："这些用户画像的博物馆服务体验如何？"这个问题分为三

个子问题。因此，讨论和结论从三个维度展开：负面体验、正面体验，以及四个用户画像的独特动机。

5.2.2.1　负面体验

就负面体验而言，用户画像不仅提出了博物馆现场存在的问题，还指出了在博物馆数字环境中遇到的许多困难。在整个数据收集、转录、反复比对，以及编码数据、呈现和解释研究结果的过程中，研究者发现用户画像在故宫博物院的负面体验主要集中在几个方面。通过回顾高频提及的类别和子类别，确定了一些最糟糕的体验（表5.2）。

表5.2　通过用户提及频次分析所确定的最为糟糕的体验

主题	糟糕体验
功能性体验	更易使用 (116)
	兼容性 (104)
情感性体验	舒适感 (71)

表5.2中的问题均为四名用户画像频繁提及的，突显了这些问题的普遍性和紧迫性。因此，应该根据负面体验被提及的频率从高到低进行排序来确定对其服务进行优化的急需性。通过上表的编码结果，在"功能性体验"主题下，"更易使用"和"兼容性"两个类别编码分别被四名用户画像共提及了116次和104次。在"情感性体验"主题下，所有用户画像都提及了"舒适感"，共71次。以"更易使用"类别编码为例，当用户体验故宫博物院的在线服务时指出，在线程序中一些莫名其妙的提示对用户来说令人困惑，而且不能确定是自己操作不当还是没有理解技术性术语。至于"兼容性"问题，被访谈的用户画像提到了两个方面，即移动终端报错和移动终端兼容性。而至于"舒适感"问题，用户画像提到了人多吵闹、没有足够的休息区，或没有遮阳伞、遮雨棚，以及工作人员的数量、能力和态度等问题。在这项研究中发现，一旦用户感受到没有得到好处，他们就会觉得自己的需求没有得到满足。通过查看编码下的具体内容，上述是所有用户画像都提到的负面体验，需要首先解决这些问题。

令人惊讶的是，当把本研究发现中的负面体验主题与以往文献中尼尔森·诺曼集团在2008年阿姆斯特丹会议上定义的"四个用户体验层级"进行比较时，这些结果似乎与文献中的内容一致。具体来说，由第4章的研究结果阐述可知，用户画像的需求包括三个维度：功能性体验、情感性体验和独特性体验。据此，这里制定了一个直观的基本体验模型图，以帮助更多的同类研究项目来探索历史建筑博物馆的服务体验（图5.1）。对于每个维度的理解，在第4章中已作阐述。

图5.1 历史建筑博物馆体验基本模型

正如先前提及的，以上结果支持了先前文献中尼尔森·诺曼集团确定的用户体验层级，即可用性、易用性、吸引力和品牌体验，其中可用性是核心。通过比较分析，有趣的是，从本研究结果中得出的基本模型与文献中提出的模型基本保持了一致，并且两者之间存在着相互对应的关系（图5.2）。本研究结果中的"功能性体验"可覆盖可用性和易用性两个层级，指出产品和服务不仅应当具有实用性，而且使用起来也应当舒适且直观；而本研究结果中的"情感性体验"相当于吸引力，着重强调主观感受。

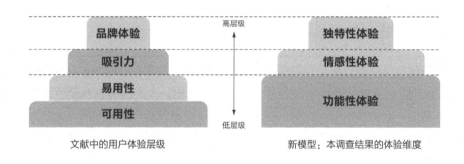

图5.2 本研究推导出的模型与文献中模型的对照

从图5.2中可以看出，研究结果中的"独特性体验"维度与文献中的"品牌体验"联系在一起。根据以往有关品牌的文献得知，随着社会经济从大规模生产向大规模定制的转变，人们更多地注重象征性特征并以此来做出选择。同样地，品牌也对博物馆起着多重而关键的作用。这意味着对于博物馆来说，品牌的特征也加速了用户的选择。具体而言，文献中提到的象征性特征是指通过识别元素来形成有机结构，然后解释博物馆的个性和精神概念，这恰好是研究结果中新模型的第三个维度"独特性体验"。作为历史建筑博物馆这一特殊类别，博物馆的建筑本身为提取独特元素提供了有利条件。因此，在本研究中，用户提到的针对古建博物馆的独特负面体验可能在参观其他类型的博物馆时不会涉及。例如，正如受访用户所暗示的那样，如果古建筑得到良好的保护，装饰和食物具有故宫博物院本身的特色，这将有助于增强故宫博物院的品牌体验。简而言之，正是这些独特的问题被提出，通过改进和优化，可以使历史建筑博物馆产生积极的品牌体验。

然而在数据编码过程中，最有趣的发现是与品牌相关的问题并没有被用户提及太多。与功能性和情感性体验相比，基于品牌体验的两个主题"独特体验"和"积极体验"被提及的次数较少。通过统计每个主题的编码数量，发现它们之间的差异过大。具体来说，它们被提及的次数是：功能性体验（382 次）、情感性体验（121 次）、独特性体验（16 次）。不难看出，从功能到感觉再到品牌，这是一个不断抽象和升华的体验过程。人们更倾向于关注具体和直观的内容，相反，越抽象的内容就越难以用口头表述（表 5.3）。然而，这并不意味着与用户画像的谈话不重要，即使某些内容被提及较少，也不应被忽视。

表 5.3　每个层级 / 维度被提及的次数

文献中的用户体验层级	新模型：本调查结果的体验维度	编码次数
品牌体验	独特性体验	16
吸引力	情感性体验	121
易用性	功能性体验	382
可用性		

关于这个结果有几种可能的解释。其中可能之一是著名心理学家马斯洛提出的"人类需求层次结构"理论。马斯洛在该理论中指出，人类的需求由低到高自行排列，一旦低一级的需求被满足后，另一个更高级欲望就会产生。然而，大多数人的需求通常局限于低级和中级层次，当低级需求没有得到满足时，人们就没有意愿去满足更高级别的需求。例如，品牌体验，或者说本研究中的独特性体验，类似于智识愉悦，涵盖建筑、戏剧、艺术品等与个人价值观相关的层次。这种观点与"人类需求的层次结构"理论相一致，即并非每个人都会意识到高层次的品牌体验。另一个可能的解释是，Tiger（2000）在文献中提到的四种愉悦（生理愉悦、社交愉悦、心理愉悦和思想愉悦），与本研究结果中的三个体验维度基本保持一致。例如，体验维度的三个层次中的功能性体验相当于生理愉悦，如感官体验和身体感觉，而思想愉悦则涉及与个人价值观相关的体验。

正如上文所述，品牌体验与本研究中得出的独特性体验维度相对应，这意味着通过调查用户并解决用户提出的问题，博物馆品牌体验可以得到提升。换句话说，品牌体验是可控的。本书这一观点与尼尔森·诺曼集团会议提出的观点相反（后者指出品牌体验很可能不受用户体验团队的控制），但与 Neumeier（2005）和

Holland（2006）的观点一致，他们认为尽管公司或组织无法控制个人的感知"版本"，但公司可以以其希望个体看待品牌的方式影响这些个人印象。

综上所述，四名用户对于博物馆的负面体验主要体现在两个方面：功能上和情感上。将新模型的三个维度与文献中提出的"四个用户体验层级"模型进行比较，发现两个模型之间存在密切的对应关系。对于博物馆研究项目，本研究得出的新模型有两个优势。第一，由于该模型是根据对故宫博物院用户感知的分析自下而上逐步形成的，因此更适合于分析历史建筑类博物馆的用户数据。第二，这个模型中三个层次的措辞对于非专业人士来说更加简明易懂。在这个模型中，从功能到情感再到品牌，是一个持续抽象和升华的体验过程。层次越抽象，用户关注就越少。然而，这并不是说提及次数少就可以忽略，而是说明其对博物馆品牌推广更具价值。这说明研究人员需要理解数字背后的原因，有时"高频率等于重要性"的规则应该被打破。

5.2.2.2　正面体验

在正面体验方面，结果反映了超越用户期望是实现品牌塑造目标的唯一途径。通过分析从用户画像处收集的数据，我们得知故宫博物院主要通过两个方面吸引线下和在线观众，即高度参与感以及基于跨界设计和趣味教育的新文创，这表明了用户在遇到特别的事物时所感受到的兴奋。特别是当他们发现一些产品和服务在"教育娱乐性"和"跨界设计"方面做得与众不同时，他们感到愉悦。以上研究结果与Soñez等（2013）、Ober-Heilig等（2014）和周鸿祎（2014）的观点一致，即体验是一种超越了用户期望、情感极度激动的感觉，即与正常情况不同的非凡或难忘的东西。此外，研究结果与将"趣味教育"作为提升学习体验的解决方案（Lans et al.，2016）以及Zhang（2017）所提出的"跨界设计代表了超越传统领域设计的新生活方式和体验"的观点相一致。

综上所述，故宫博物院主要通过观众高度参与和新文创吸引线上、线下观众。只要满足用户对求新求异的需求，他们就会有积极的体验。因此，提供超出期望并具有个性的产品或服务可以帮助他们增强品牌体验。换句话说，超越博物馆用户的期望是实现博物馆品牌塑造目标的卓越途径。

5.2.2.3　用户画像的动机

本研究旨在确定基于游戏化的用户画像在探索博物馆服务体验中的重要性。正如前几章所述，本研究强调个体的独特动机，而不是所谓的公众。有趣的是，在对博物馆体验进行调查时，研究者发现所选取的四名用户画像的动机基本上与以往文献的观点一致，并且在博物馆这一特定背景下，获得了新的观点。

外在动机方面，在与奖励无关的博物馆主题背景下，四名用户都表达了对奖励的期望。他们提出期待博物馆提供小礼品。通过进一步了解，他们要求奖励只是单纯地希冀获得物质奖励等外在激励，而不是满足好奇心和学习等内在动机。在先前的文献中，这种奖励也被 Pink（2015）、Tran（2017）和 Post（2017）提到过，外在动机是与当前活动无关的奖励、目标或事物。同时，这一发现广泛支持了操作理论——所有行为都是以奖励为驱动的（Ryan et al., 2000）。

另一方面，在博物馆语境下，四个用户画像主导的内在动机不同（探索者——自由地探索和理解知识，社交者——与他人相遇和交流，攻击者——挑战他人，成就者——成就感），但他们也有一些共有的内在动机（例如，探索细节的动机在探索者和社交者中都可以洞察到，建立与他人的联系这一动机在社交者和成就者身上也可以感知，成就和掌控让成就者和攻击者感到自豪，探索者和攻击者对探索未知感兴趣）。这种双重结果证实了 Ryan 与 Deci（1985）提出的自我决定理论（该理论根据不同的原因或目标区分动机的不同类型）以及 Zichermann 与 Cunningham（2011）提出的玩家可以同时具有多重类型特征的观点。

在四个用户画像中，社交者和成就者都表现出相同的内在动机：归属性需求——与他人见面和交流，强调情感关系。这与 Battarbee（2004）和 Decker（2017）支持的观点一致，即用户越来越倾向于享受社交互动体验，社交媒体已成为参与和体验博物馆的重要途径。无论是以合作为目的的收集用户反馈、开发互动平台，还是使用社交平台分享他们的照片，这些过程都是参与者共同为了共享体验而做出的贡献，具有共创互惠的特点。

此外，社交者和成就者提到了观众对博物馆的宣传，也就是说，他们支持参与式设计的理念。其中，一位受访者提到，博物馆分发的纪念品被游客带回给朋友，或者游客将门票在线分享给朋友，这可能会激发他（她）的朋友们对参观的兴趣。正如 Sanders 与 Stappers（2008）在文章中提到的，以用户为中心的设计方法把用户视为主体，而参与式设计则把用户视为合作伙伴。

再次回到外在动机的话题，上述提到的奖励主要体现在有形奖品的维度上，这是 SAPS 模型（Zichermann et al., 2011）中的最低级别奖励层次。SAPS 模型还提出，奖励应该朝着最受欢迎、最具黏性和最经济的层次发展。通过分析，研究人员了解到有形奖励的边界是无限的（例如游客对免费地图的需求、下雨天对雨衣的需求），而对于博物馆来说，这意味着所提供的东西总会有人不欢迎或不需要。相比之下，对于内在动机，尽管人们有自己的不同需求，但根据先前文献和上述阐述的本研究结果，研究人员了解到内在动机有其自身的框架。因此，在博物馆语境下，本研究的建议与以往学者的观点保持一致，随着时间的推移，奖励的作用应逐渐减少，并应被持续内化的有意义参与动机所取代（Nicholson, 2012, 2015）。

总之，四个用户画像都在博物馆背景下表达了对奖励这一外在动机的期望，而他们的内在动机各异，但也有相同之处。这说明，在有意义的游戏化中，独特的内在动机是人们以不同方式参与博物馆活动的关键动机，这也是他们进入博物馆的真正动机，这为随后提出的指南提供了启示。此外，在博物馆服务体验研究语境下，研究人员建议多采用参与式设计和共同体验的策略，并将它们整合到数据采集过程中，以从不同类型的用户那里获得更多的想法。

5.2.3　研究问题三

第三个研究问题是："博物馆管理人员可以采用哪些指南，以提升年轻中国访客的用户体验？"对于这个问题的讨论建立在对前几个问题讨论的基础上。博物馆服务体验调查指南已在前一章中呈现并做了必要阐释。

首先要做的是根据四种玩家类型理论确定理想的用户画像。当使用 Bartle 游戏心理测试问卷来选择用户画像时，我们可以看到这是一个通过不断缩小范围来选择理想用户画像人选的详细过程。总的来说，这个过程是定量和定性方法相结合的，即最终人选的确定不仅依赖于诸如得分、分差等量化数据，还结合了一对一的访谈，使选择的用户画像更具体、可靠。

在收集和分析数据时，研究人员应考虑方法的灵活性。从前面的章节可以看出，调查采用了服务设计方法。它通过三个阶段的多源数据以三角测量的方式收集数据，以建立对博物馆用户体验的全面和深入的理解。数据收集通过选定的服务接触点进行，包括"参观前""参观中"和"参观后"三个阶段。然而，在分析数据时，尽管转录数据仍然按照第一步中的三个阶段进行编码，但编码后期并没有刻意区分这三个阶段。这种分析方法允许编码自然生成，有助于整体考虑用户体验。除了必需的定性数据编码外，矩阵还显示了量化后的定性数据。

综上所述，将从三个参观阶段收集的数据进行综合编码的分析方法更为科学。然而，如果使用基于本研究项目制定的"功能性体验－情感性体验－独特性体验"模型对数据进行编码，工作效率将会更高，结果也更容易为非专业人士所理解。一般情况下，尽管使用这个模型时，"独特性体验"主题下的编码数量可能不是很多，但这对于提升特定博物馆品牌美誉度的参考价值很高。

参考本项目的研究结果，在游戏化背景下探索和设计博物馆服务体验需要洞察每种类型用户的偏好。从理论上讲，体验接触点可以根据每种类型的博物馆用户的比例重新设计或增强。例如，所有用户类型中人数最多的是社交者。因此，在设计时应首先考虑这一群体的动机。然而，在研究结果中发现，各类型人群的人口比例接近，并且有一些动机在他们之间是一致的。因此，这些群体应该受到博物馆的平等对待，博物馆的服务体验应该尽量满足各种类型人群的偏好。

本书提出了一套针对博物馆管理人员和设计师的操作指南，旨在根据本项目的研究结果，针对年轻的博物馆观众来优化用户体验。因此，有必要全面了解整个研究的过程。这意味着除了从基于用户画像的数据编码中获得的结果外，还要通过整个研究中各阶段的工作对研究结果进行总结。

5.3 结论

以上部分通过逐个回答所有研究问题，并对每个部分进行总结，呈现了对研究结果的讨论。本节将通过回应研究目标以对全书进行总结。通过采用服务设计方法，本研究对博物馆服务体验进行了系统的调查，目的是通过探索故宫博物院这一历史建筑博物馆的服务，提供代表性用户如何体验博物馆的故事。专注于个体体验，本研究首先确定了四个基于游戏化的用户画像作为调查对象，并通过 126 个候选人探索了一种逐步选择理想用户画像人选的方法。接下来，基于服务设计方法，本研究使用了多个数据来源，从用户角度深入了解他们对于博物馆线上、线下服务的体验。具体而言，数据收集分为三个阶段："参观前""参观中"和"参观后"。在分析数据并解释研究结果后，对每个研究问题的答案进行了讨论和总结。

针对研究目标，本研究不仅确定了利用 Bartle 的玩家模型来选择代表博物馆不同类型访客的人物形象，而且进一步丰富了该模型，从而推导出一个更全面、更实用的模型。通过分析从用户那里获取的一手数据，识别出用户对于博物馆服务设计的正面和负面体验，并发现不同类型用户独特的内在动机才是他们参观博物馆的真正动机。通过研究得出结论，提出超出博物馆用户期望的线上、线下服务是实现博物馆品牌塑造目标、增强博物馆体验的最佳方式。本书自下而上地提出一个历史建筑博物馆体验基本模型，以供更多的研究人员对博物馆体验数据进行编码。最后，结合整个研究提出了一套博物馆服务体验调查的指南，期望能启发博物馆管理员和博物馆用户体验研究人员采取必要措施，根据当前年轻观众的内在动机提升博物馆的服务设计。

为了直观起见，本书将部分研究结果与本研究第 1 章中的最初概念框架进行了比较，进而丰富和优化了最初概念框架，希望为更多的研究人员和博物馆管理员提供参考（图 5.3）。为了澄清概念并展示要素之间的关系，这个改进的概念框架从三个阶段明确了对博物馆服务体验进行调查的原则：识别用户画像、数据收集和数据分析。

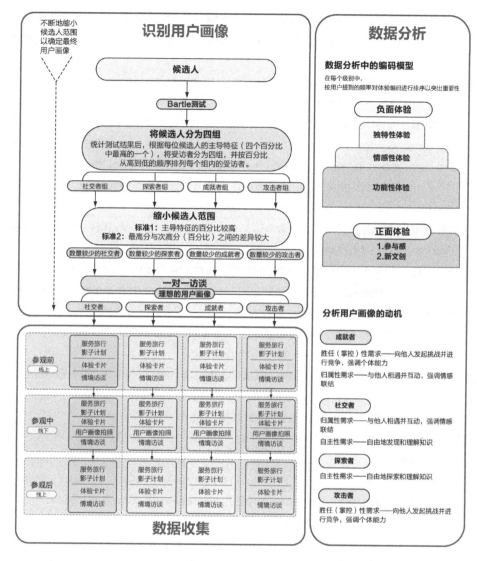

图5.3 优化后的用于探索博物馆服务体验的研究框架

本章参考文献

[1] 周鸿祎，2014. 周鸿祎自述——我的互联网方法论 [M]. 中信出版社 .

[2] 张旭亚 , 2017. 浅谈当代跨界设计——以草间弥生为例 [J]. 工业设计 (10): 124-125.

[3] BARTLE R A, 2004. Designing Virtual Worlds[M]. United States: New Riders.

[4] BATTARBEE K, 2004. Co-Experience: Understanding User Experiences in Social Interaction[D]. Finland: Aalto University.

[5] DECKER J, 2017. Engagement and Access: Innovative Approaches for Museums[M]. Shanghai: Shanghai Scientific & Technological Education Publishing House.

[6] HOLLAND D, 2006. Branding for Nonprofits: Developing Identity with Integrity [M]. New York: Allworth Press.

[7] KONERT J, GÖBEL S, STEINMETZ R, 2013. Modeling the Player, Learner and Personality: Independency of the Models of Bartle, Kolb and NEO-FFI (Big5) and the Implications for Game Based Learning[C]// Proceedings of the 7th European Conference on Game Based Learning (ECGBL). UK: Academic Conferences and Publishing International Limited: 329 - 335.

[8] NEUMEIER M, 2005. The Brand Gap: Revised Edition [M]. 2nd ed. San Francisco: Peachpit Press.

[9] NICHOLSON S. A User-Centered Theoretical Framework for Meaningful Gamification[EB/OL]. (2012-6-1)[2017-11-5]. http://scottnicholson.com/pubs/meaningfulframework.pdf

[10] NICHOLSON S, 2015. A RECIPE for Meaningful Gamification in Gamification in Education and Business[M]. Cham: Springer.

[11] OBER-HEILIG N, BEKMEIER-FEUERHAHN S, SIKKENGA J, 2014. Enhancing Museum Brands with Experiential Design to Attract Low-involvement Visitors[J]. Arts Marketing: An International Journal, 4(1/2): 67 - 86.

[12] PINK D H, 2015. Drive: The Surprising Truth About What Motivates Us[M]. New York: Penguin.

[13] RYAN R M, DECI E L, 2000. Intrinsic and Extrinsic Motivations: Classic Definitions and New Directions[J]. Contemporary Educational Psychology, 67(1): 54 - 67.

[14] RYAN R M, DECI E L, 1985. Intrinsic Motivation And Self-determination in Human Behavior[M]. New York: Plenum.

[15] SANDERS E B-N, STAPPERS P J, 2008. Co-Creation and the New Landscapes of Design[J]. CoDesign, 4(1): 5 - 18.

[16] SOÑEZ L, TOSELLO M E, MARTÍN E S, et al, 2013. Interdisciplinary Design Guidelines of An Interface-Device for A More Accessible Urban Space[J]. Smart Cities, 1: 775 - 784.

[17] TIGER L, 2000. The Pursuit of Pleasure[M]. London: Routledge.

[18] ZICHERMANN G, CUNNINGHAM C, 2011. Gamification by Design: Implementing Game Mechanics in Web and Mobile Apps [M]. Sebastopol: O' Reilly Media.